高等职业教育建筑工程技术专业"十二五"规划教材

工 程 制 图

（房屋建筑类）

杨桂林　刘秀芩　主　编

王　英　　　副主编

周日昇　　　主　审

中国铁道出版社

2012年·北 京

内 容 简 介

　　本书为高等职业学院工业与民用建筑专业及其相关专业的教材,主要介绍工程制图的基本知识、投影作图的基本理论、建筑工程图的内容和特点及各类典型图样作图的基本技能。书中概念清楚,重点突出,语句通顺,图文结合,便于学生自学及有关人员参考。本教材配有《工程制图习题集》。

图书在版编目(CIP)数据

工程制图/杨桂林,刘秀芩主编. —北京:中国铁道出版社,2012.3

高等职业教育建筑工程技术专业"十二五"规划教材

ISBN 978-7-113-13547-8

Ⅰ.①工… Ⅱ.①杨… ②刘… Ⅲ.①工程制图—高等职业教育—教材 Ⅳ.①TB23

中国版本图书馆 CIP 数据核字(2011)第 191308 号

书　　名:	工程制图(房屋建筑类)
作　　者:	杨桂林　刘秀芩　主编

责任编辑:李丽娟		读者热线:400-668-0820	
封面设计:冯龙彬			
责任校对:孙　玫			
责任印制:陆　宁			

出版发行:中国铁道出版社(100054,北京市西城区右安门西街 8 号)

网　　址:http://www.edusources.net

印　　刷:三河市华业印装厂

版　　次:2012 年 3 月第 1 版　2012 年 3 月第 1 次印刷

开　　本:787 mm×1 092 mm　1/16　印张:13.25　字数:330 千

书　　号:ISBN 978-7-113-13547-8

定　　价:26.50 元

前　言

　　本书是为适应当前高等职业技术教育快速高质发展需要,依据教育部对高职人才的培养目标,在刘秀芩主编的《工程制图》基础上改编而成的。

　　《工程制图》是一门专业性和实践性很强的专业基础课。为了缓解学生对空间形体认识的难度,使其符合由简到繁、由易到难的认识规律,编写时尽量避开一些难度较大又不多用的理论问题,突出重点,加强基础知识和基本技能的训练。

　　本书还注意强化对学生学习能力的培养,在教材和习题集中编排了适量的综合性问题,引导学生运用学过的知识去观察、分析题目,找出正确的识图、作图方法,以提高其分析问题解决问题的能力。教材编写力求概念叙述清楚准确,文字简明扼要,图形规范悦目,起到综合示范作用,使学生养成科学的思维方式和严谨认真、一丝不苟的工作作风。

　　考虑到当前学生的就业形势,教材内容除具备识读和绘制土木工程图的基本知识和基本技能外,还用选学形式将内容适当放宽,以增加教和学取材的自由度。

　　为了训练和提高学生的实践技能,本书还配有《工程制图习题集》(房屋建筑类)。

　　本书由天津铁道职业技术学院杨桂林、刘秀芩任主编,天津铁道职业技术学院王英任副主编,天津铁道职业技术学院周日昇任主审。参加编写工作的有杨桂林(绪论,第七、八章),天津铁道职业技术学院王国迎(第一～三章,第十一、十二章),刘秀芩(第五、六章),王英(第六、九、十章),西安铁路职业技术学院李萍(第十三、十四章)。

　　在编写过程中,天津铁道职业技术学院有关专业老师及学院设计室老师提供了很多资料和意见,在此一并表示感谢!

　　由于编者水平有限,书中难免存在疏漏,热切希望读者在使用本书的过程中对发现的问题及时提出批评,以便重印时更正。

编者

2011 年 12 月

目　　录

绪　　论

一、工程图样及其在生产中的作用

工程图样是一种以图形为主要内容的技术文件,用来表达工程建筑物的形状、大小、材料及施工技术要求等。

例如在建造房屋、桥梁及制造机器时,设计人员要画出图样来表达设计意图,生产部门则依据设计图纸进行制造、施工。技术革新、技术交流也离不开图样。因此,在现代化生产中,工程图样作为不可缺少的技术文件,起着十分重要的作用,被比喻为工程界的“语言”。对于工程技术人员,学好这门“语言”,正确地绘制和阅读工程图样,是其进行专业学习和完成本职工作的基础。

工程图样示例如图 0-1 所示。该建筑物的立体形状如图 0-2 所示。

二、工程图学发展概况

在生产实践中,人类很早就用图形来表达物体的形状结构。如在 1100 年我国宋代李诫所著的建筑工程巨著《营造法式》中,用大量插图表达了复杂的结构,较正确地运用了正投影和轴测投影的方法,如图 0-3 所示。

经过长期的实践和研究,人们对工程图样的绘制原理和方法有了广泛深入的认识。1795 年法国科学家蒙日发表了《画法几何》,系统地阐述了各种图示、图解的基本原理和作图方法,对工程图学的建立和发展起了重要作用。目前,工程图样已广泛应用于各个生产领域。为了使工程图样规范化,我国分别制定了建筑、机械及其他各专业的制图标准,并不断修订完善。世界各国和行业组织的制图标准也在不断进行协调和统一。

现在,工程图学已发展成为一门理论严密、内容丰富的综合学科,包括图学理论、制图技术、制图标准等诸多方面。计算机图学的建立和应用,是工程图学在现代最重要的进步和发展。

三、本课程的内容、学习要求和方法

工程制图是一门介绍绘制和阅读工程图样的原理、规则和方法,培养识图绘图技能,提高空间思维能力的学科,是工科土建类专业的一门重要的、实践性很强的技术基础课。

1. 课程内容

(1)**制图基本知识**——介绍制图工具和用品的使用及保养方法,基本的制图标准和平面几何图形的画法(见第一～三章)。

(2)**投影作图**——介绍绘制和阅读工程图样的基本原理和方法(见第四～九章)。

(3)**土建工程图**——介绍房屋建筑工程图的内容、特点及其绘制和阅读方法(见第十～十四章)。

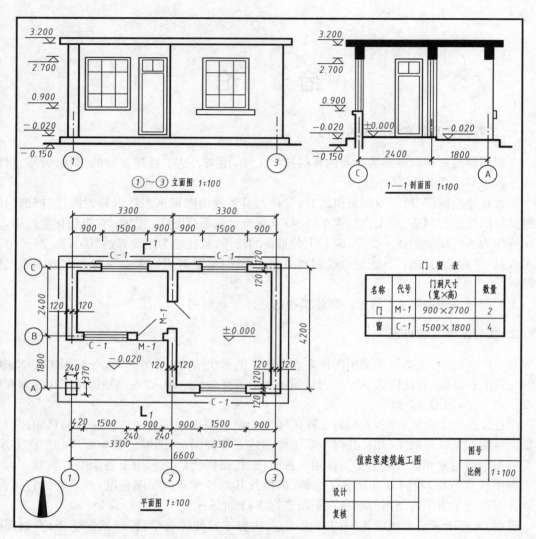

图 0-1　值班室建筑施工图

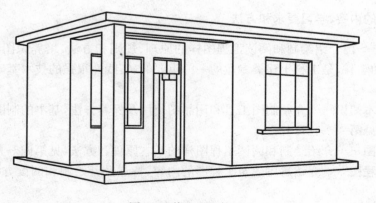

图 0-2　值班室立体图

2. 学习要求

(1)掌握正投影的基本原理和读图、绘图方法。

(2)能正确地使用常用的绘图工具。

(3)能正确地阅读和绘制有关土建工程图,所绘图样要符合国家标准。

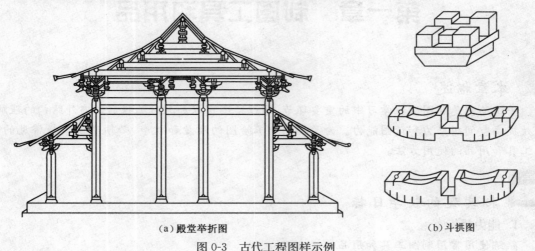

(a)殿堂举折图　　　　　　　　　　　　　　(b)斗拱图

图 0-3　古代工程图样示例

3. 学习方法

　　制图是一门实践性很强的课程,读图和画图的能力必须通过足够的训练才能提高。因此一定要重视实践环节。

　　(1)为了深刻理解和掌握图样(视图)的原理、规则、识图、画图的方法,必须认真听课和复习,及时完成练习。因为物体千差万别,其结构的复杂程度也很不一样,只有通过深入思考,反复练习,才能熟悉结构的表达,巩固理论知识,使空间想像力与分析问题的能力得到提高。

　　(2)为了提高识图、绘图的技能,要牢记制图标准,并通过多次训练以提高识图、绘图能力。

　　(3)要养成认真负责的工作态度和一丝不苟的工作作风。工程图样是重要的技术文件,画错、读错一条线,一个数字都可能给工程质量造成危害。

　　(4)制图课的目的还要培养学生具有较高的空间思维能力和熟练的动手能力,读者在学习过程中,应随时了解自己在哪方面存在不足,找出原因,重点提高,做到全面发展。

第一章 制图工具和用品

 本章描述

  手工绘图是制图课程学习中的重要环节,通过绘图可以加深对工程形体内外结构的理解,有效提高空间想象力和读图能力。为了提高手工绘图的质量和效率,必须熟练掌握常见的制图工具和用品的使用方法。

 拟实现的教学目标

1. 能力目标

熟练使用常用制图工具和用品的能力。

2. 知识目标

了解常用绘图工具和用品的使用方法,了解制图的基本程序及注意事项。

3. 素质目标

培养学生热爱专业、热爱本职工作的精神。

第一节 制 图 工 具

一、图 板

  图板是用来铺放图纸的矩形木板,其板面平整光滑,左侧面工作边平直。绘图时需要专用的透明胶带将图纸固定在图板略偏左偏上的位置(图1-1),不要用图钉、小刀等损伤板面,避免墨汁污染板面。

二、丁 字 尺

  丁字尺由互相垂直的尺头和尺身组成,主要用于画水平线。使用丁字尺作图时,左手移动丁字尺至需要的位置,保持尺头与图板左边贴紧,左手拇指按住尺身,右手画线,其使用方法如图1-2所示。

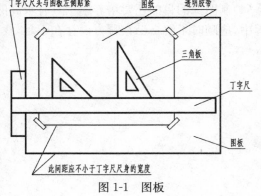

图 1-1 图板

三、三 角 板

  三角板用于画直线。一副三角板有两块,如图1-1所示,三角板与丁字尺配合使用,可以画特殊角度(15°倍数)的直线,如图1-3所示。

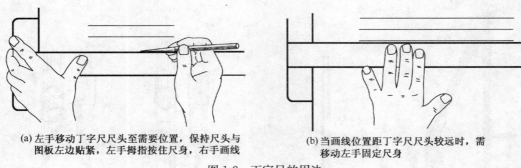

(a) 左手移动丁字尺尺头至需要位置，保持尺头与　　　　　(b) 当画线位置距丁字尺尺头较远时，需
　　图板左边贴紧，左手拇指按住尺身，右手画线　　　　　　　移动左手固定尺身

图 1-2　丁字尺的用法

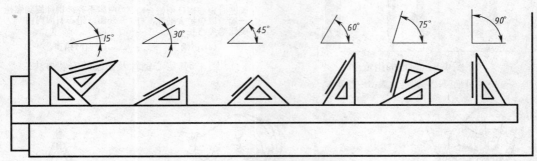

图 1-3　特殊角度直线画法

　　两块三角板配合使用，可以画出任意角度直线的平行线和垂直线，其中垂直线画法如图
1-4所示。**用三角板作图时，必须保证三角板与三角板之间、三角板与丁字尺之间靠紧。**

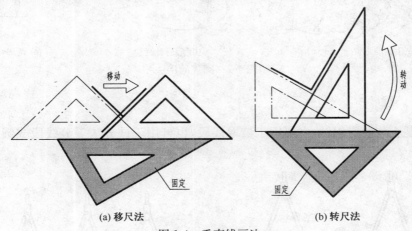

(a) 移尺法　　　　　　　　　　　　　　　(b) 转尺法

图 1-4　垂直线画法

四、圆　　规

　　圆规用于画圆或圆弧，一套圆规配件通常包括两条插腿和一支延伸杆，如图 1-5 所示。使
用时一条腿装上钢针，另一条腿根据不同用途装上不同的配件，可以用铅芯画出半径大小不同
的圆或作为分规使用，其中定心钢针和铅芯的安装方法如图 1-6 所示。

　　**画圆时先将铅芯与钢针之间的距离调整为圆或圆弧的半径，圆规略向旋转方向倾斜，以保
持对纸面的压力，用力适当，速度均匀**，如图 1-7 所示。

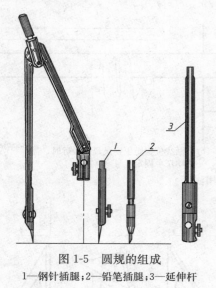

图 1-5 圆规的组成

1—钢针插腿；2—铅笔插腿；3—延伸杆

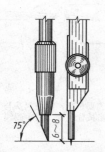
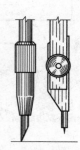

画圆时定心钢针用带台阶一端，以免扩大纸孔；针尖比笔尖略长

两脚不齐；钢针旋到螺栓外侧；铅芯斜面向内

(a) 正确　　　　　(b) 错误

图 1-6　定心钢针及铅芯的安装方法

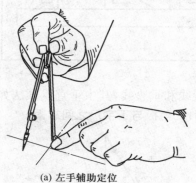

(a) 左手辅助定位

(b) 顺时针画线　　　　　(c) 两脚与纸面垂直

图 1-7　圆规的用法

五、分　规

　　分规两腿上均装有钢针，主要用于量取线段，也可用于试分法等分线段或圆弧，如图 1-8 所示。

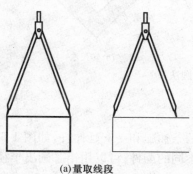

(a)量取线段

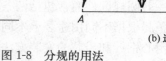

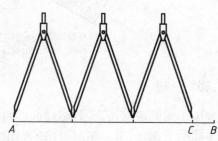

(b) 近似等分线段

图 1-8　分规的用法

第二节　制图用品

一、图纸和透明胶带

图纸分为绘图纸和描图纸(半透明)两种。画图前,应在图纸正面(用橡皮擦拭纸面,擦后不起毛、上墨不洇的一面)画图,透明胶带专用于固定图纸。

二、绘图铅笔

为满足绘图需要,铅笔的铅芯有软硬之分,分别用符号 B 和 H 表示,B 前面数字越大表示铅芯越软,H 前数字越大表示铅芯越硬,HB 铅芯软硬适中。

木杆铅笔的削法是:先用小刀削去无字一端的木皮,露出一段铅芯,然后用细砂纸磨成需要的形状。在整个绘图过程中,各类铅芯要经常修磨,以保证图线质量。

绘图也可以使用自动铅笔。注意应购买符合线宽标准的绘图用自动铅笔,并选用符合硬度要求的铅芯。

表 1-1　木杆铅笔和圆规铅芯

类　型	木　杆　铅　笔			圆　规　铅　芯	
铅芯形状					
硬　度	2H 或(3H)	HB	B	HB	2B
用　途	画底稿线	画细线、中粗线、写字	画粗线	画底稿线、细线、中粗线	画粗线

三、其他用品

绘图橡皮——用于擦除铅笔线。

擦图片——用于擦除图纸上的图线,可以保护有用的图线不被擦除。

绘图模板——可以提供一些常用图形符号,如标高、小圆等,供绘图使用,可以提高绘图速度。

小刀和砂纸——用于削、磨铅笔。

刀片——用于刮除墨线和污迹。

第三节　制图的基本程序和注意事项

画图时,无论繁简,一般均按下列步骤进行。

1. 准备工作

(1)阅读有关文件、资料,了解所要绘制的图样的内容和要求。

(2)准备好绘图仪器和工具,并擦拭干净。图板上要少放物品,以免影响工作或弄脏图纸。

2. 画底稿

(1)根据图形大小及复杂程度,确定比例,选择图幅,贴好图纸。

(2)画出图幅、图框线和标题栏,布置图面,设计好图样(包括图形和尺寸)在图纸上的位置,作到布图匀称,画出基准线后即完成布图。

(3)用 2H 或 3H 铅笔绘制图样的底稿,图线要轻、细,尺寸要准确。画图时,先画对称线、中心线、主要轮廓线,再画细部结构,尺寸界线和尺寸线。

(4)检查底稿,修改错误,并擦去错误的线条和辅助作图线,注意不要使图纸起毛。

3. 图线描深

(1)根据需要,将图样画成墨线图或铅笔描深图。

(2)改错,修饰图样。

4. 结束工作

洗净、擦净工具用品,并妥善保管,清理工作场地。

 本章小结

在学习工程制图之前,首先要掌握制图工具及用品的正确使用方法,以保证制图质量,提高工作效率,其中两块三角板进行配合画出平行线和垂直线、圆和圆弧的绘制是需要重点掌握的内容。本章还介绍了手工制图的基本程序及注意事项,为近一步的学习提供基础。

 复习思考题

简述常用绘图工具的种类及其用法。

第二章 基本制图标准

 本章描述

为了使工程图样符合技术交流和设计、施工、存档的要求，需要制定制图标准，制图标准对图样的格式和表达方法作了统一规定，制图时必须严格遵守。

本章摘要介绍我国《房屋建筑制图统一标准》（GB/T 50001—2001）中的图幅、标题栏、图线、字体、比例、尺寸标注等内容。在后续章节中，将进一步介绍有关的制图标准。

 拟实现的教学目标

1. 能力目标

能恰当选择图幅，正确绘制图框、标题栏，能够正确绘制图线、标注尺寸、书写字体，标注比例。

2. 知识目标

了解图纸幅面格式、图线的种类及用途、字号及工程字体的书写要求、尺寸组成、比例概念；掌握各类图线的绘制方法、尺寸的基本注法及注意事项。

3. 素质目标

培养学生认真、细致的工作习惯。

第一节 图纸幅面

一、基本图幅

图幅指绘图时所采用的图纸幅面大小，为了便于保管和装订图纸，国家制图标准对图纸的幅面及图框尺寸作了统一规定，如表 2-1 所示，表中各代号见图 2-1。

表 2-1　基本图幅及图框尺寸　　　　　　　　（mm）

幅面代号 尺寸代号	A0	A1	A2	A3	A4
$b \times l$	841×1189	594×841	420×594	297×420	210×297
c	10			5	
a	25				

当表 2-1 中的基本图幅不能满足使用要求时，可将图纸的长边加长后使用。加长后的长度应符合制图标准的规定，图幅的短边一般不得加长。

图纸一般有横式和立式两种使用方式，如图 2-1 所示。A0～A3 图纸宜横式使用，必要时

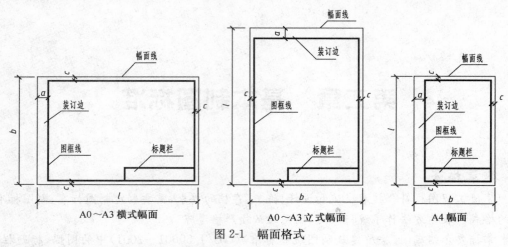

图 2-1　幅面格式

也可以采用立式，A4 图纸只能立式使用。

二、图　框

图框是图样的边界，在图纸上用粗实线绘出，其格式分为不留装订边和留装订边两种，留装订边的图纸，其图框格式如图 2-1 所示。

三、标 题 栏

每张图纸的右下角应设一个标题栏（又称图标），用来填写图名、设计单位、工程名称、设计者、图纸编号等内容。标题栏在图纸中的位置如图 2-1 所示。

制图标准中规定了标题栏的基本格式，而未规定其详细内容，图 2-2 为本书作业中推荐使用的图标形式。

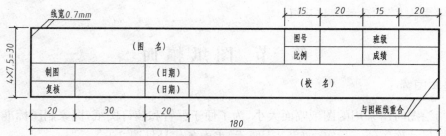

图 2-2　标题栏格式示例（单位：mm）

一项工程需要绘制一整套图纸，为了便于使用和管理，这些图纸要按规定的方法折叠成 A4 或 A3 幅面的尺寸，并按专业顺序和主从关系装订成册。

第二节 图　线

图形是由图线组成的，为了增强图样的层次感，便于绘图和读图，制图标准 GB / T 50001—2001 规定了 14 种基本线型，图样中的线型及用途示例如图 2-3 所示。

一、图线的形式及用途

图线的形式及一般用途如表 2-2 所示。

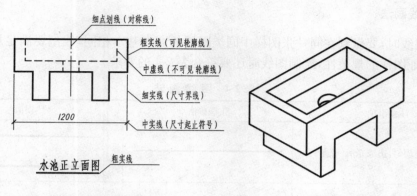

(a) 图样中的线型及用途示例　　　　　　　(b) 水池立体图

图 2-3　图线及应用示例

表 2-2　常用线型及线宽

名　称		线　型	线　宽	一般用途
实线	粗		b	主要可见轮廓线
	中		$0.5b$	可见轮廓线
	细		$0.25b$	可见轮廓线、图例线、尺寸线、尺寸界线等
虚线	粗		b	见各有关专业制图标准
	中		$0.5b$	不可见轮廓线
	细		$0.25b$	不可见轮廓线、图例线
点划线	粗		b	见各有关专业制图标准
	中		$0.5b$	见各有关专业制图标准
	细		$0.25b$	中心线、对称线等
双点划线	粗		b	见各有关专业制图标准
	中		$0.5b$	见各有关专业制图标准
	细		$0.25b$	假想轮廓线、成型前原始轮廓线
折断线			$0.25b$	断开界线
波浪线			$0.25b$	断开界线

图线的宽度分为粗、中、细三种,其宽度比例规定为 b、$0.5b$、$0.25b$。绘图时应根据图样的复杂程度及比例大小选择基本线宽(b)及线宽组,线宽组合如表 2-3 所示。

表 2-3　线宽组　　　　　　　　　　　　　　　　　　　　　　（mm）

线宽比	线宽组					
b	2.0	1.4	1.0	0.7	0.5	0.35
$0.5b$	1.0	0.7	0.5	0.35	0.25	0.18
$0.25b$	0.5	0.35	0.25	0.18		

二、图线画法

绘制图线时,要做到在同一张图样中同类图线的宽度基本相同,线型要满足规格要求,此外,为了保证图样的规范性,绘制图线时还要符合表 2-4 的要求。

表 2-4　图 线 画 法

注意事项	正确画法	错误画法
粗实线宽度均匀,边缘光滑 平直		
(1)虚线间隔要小,线段长度要均匀 (2)虚线宽度要均匀,不能出现"尖端"	≈ 1　$2\sim6$	
(1)点划线的"点"要小,间隔要小 (2)点划线的端部不得为"点"	≈ 3　$15\sim30$	
图线的结合部要美观		
图线应线段相交,不应交于间隙或交于点划线的"点"处		
(1)点划线应超出图形 3～5 mm (2)点划线的"点"应在图形范围内 (3)图形很小时,点划线可用细实线代替		
两线相切时,切点处应是单根图线的宽度		
两平行直线之间的间隙不宜小于其中粗实线的宽度,且不宜小于 0.7 mm		
虚线为实线的延长线时,应留有空隙		

第三节 字 体

图样中除了用图形来表达物体的形状外,还要用文字来说明它的大小和有关技术要求。

图纸上的数字、文字、字母、符号等,都要求做到:**笔画清晰、字体端正、排列整齐、标点符号清楚正确**。

文字的字高,应从如下系列中选用:2.5 mm、3.5 mm、5 mm、7mm、10 mm、14 mm、20 mm。如果需要书写更大的字,其高度按 $\sqrt{2}$ 的比值递增。汉字的字高一般不小于 3.5 mm,拉丁字母、阿拉伯数字或罗马数字的字高,应不小于 2.5 mm。习惯上将字体的高度值称为字的号数,如字高为 5 mm 的字,称为 5 号字。

一、汉 字

图样上的汉字,应采用长仿宋字体,字高及字宽按表 2-5 选取,并应采用国家正式公布的简化字。

表 2-5　长仿宋体字高宽关系　　　　　　　　　　　(mm)

字高	20	14	10	7	5	3.5	2.5
字宽	14	10	7	5	3.5	2.5	1.8

长仿宋体汉字示例如图 2-4 所示。

设备工程基础隧道涵洞桥梁结构钢筋

建筑施工高程混凝土道岔机务电气化防水层文地

质院所测量设计规划制图审核平立剖断面横纵视

复制比例日期张东南西北上下前后布置组织砂石水编捣固养护

维修段标注中心距离里程预算作业乘降调度区间通过堑出口挡

图 2-4　长仿宋体汉字示例

长仿宋体汉字字形工整、结构严谨,笔画刚劲有力,清秀舒展。其书写要领是:**横平竖直、起落分明、结构匀称、写满方格**。

(一)基本笔画

长仿宋体的基本笔划为横、竖、撇、捺、点、挑、钩、折。掌握基本笔画的特点和写法,是写好字的先决条件。基本笔画的运笔方法如表 2-6 所示。

(二)整字写法

整字的书写要领是结构匀称、写满方格。结构匀称是指字的笔画疏密均匀,各组成部分安

表 2-6　长仿宋体汉字的基本笔画

基本笔画	外形	运笔方法	写法说明	字例
横	一	一	起落笔须顿，两端均呈三角形；笔画平直，向右上倾斜约 5°	二 量
竖	丨	丨	起落笔须顿，两端均呈三角形，笔画垂直	川 侧
撇	丿	丿	起笔须顿，呈三角形，斜下轻提笔，渐成尖端	人 后
捺	乀	乀	起笔轻，捺笔重；加力顿笔，向右轻提笔出锋	史 过
点	丶	丶	起笔轻，落笔须顿，一般均呈三角形	心 滚
挑	㇀	㇀	起笔须顿，笔画挺直上斜轻提笔，渐成尖端	习 切
钩	亅	亅	起笔须顿，呈三角形，钩处略弯，回笔后上挑速提笔	创 狠
折	㇕	㇕	横画末端回笔呈三角形，紧接竖划	陋 级

排适当；写满方格是指先按字体高宽画出框格，然后满格书写，这样既便于控制字体结构，又使各字之间大小一致。

长仿宋字的基本书写规则如表 2-7 所示。

表 2-7　长仿宋字的基本书写规则

说　　明	示　　例
满格书写——字的主要笔画或向外延伸的笔画，其端部与字格框线接触	井　直　教　师
适当缩格——横或竖画作为字的外轮廓线时，不能紧贴格框	图　工　日　日
平衡——字的重心应处于中轴线上，独体字尤其要注意这一点	王　玉　上　大
比例适当——合体字各部分所占位置应根据它们笔画的多少和大小来确定，各部分仍要保持字体正直	伸　湖　售　票
平行等距——平行的笔画应大致等距	重　量　侧　修
紧凑——笔画适当向字中心聚集，字的各部分应紧凑，可以适当穿插	处　风　册　纺
部首缩格——有许多左部首的高度比字高小，并位于字的中上部，如口、日、土、石、山、钅等	坡　砂　踢　时

二、拉丁字母、阿拉伯数字

拉丁字母、阿拉伯数字可写成斜体和直体。如需写成斜体字,其斜度应是从字的底线逆时针向上倾斜 75°,斜体字的高度和宽度应与相应的直体字相等。

拉丁字母、阿拉伯数字的示例如图 2-5 所示。

ABCDEFGHIJKLMNOPQRSTUVWXYZ

ABCDEFGHIJKLMNOPQRSTUVWXYZ

abcdefghijklmnopqrstuvwxyz

abcdefghijklmnopqrstuvwxyz

1234567890Φ　　*1234567890Φ*

图 2-5　拉丁字母和阿拉伯数字示例

第四节　尺　寸　注　法

尺寸用来确定图形所表达物体的实际大小,是图样的重要组成部分。尺寸应标注在图形的醒目位置,计量时以标注的尺寸数字为准,不得用量尺直接从图中量取。

一、尺寸的组成

一个完整的尺寸由尺寸界线、尺寸线、尺寸起止符号和尺寸数字四部分组成,称为尺寸的四要素,如图 2-6 所示。

(1)尺寸界线:用来指明尺寸所标注的范围,用细实线绘制。

(2)尺寸线:用来标明尺寸的方向,用细实线绘制。

(3)尺寸起止符号:用中粗短斜线绘制,其倾斜方向应与尺寸界线成顺时针 45°角,长度为 2～3 mm。直径、半径、角度、弧长的尺寸起止符号应用箭头表示。

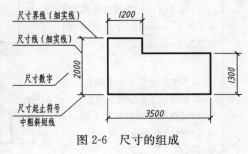

图 2-6　尺寸的组成

(4)尺寸数字:用来表示物体的实际尺寸,与所用比例、图形大小及绘图准确度无关,以mm 为单位时,省略"mm"字样。

二、尺寸的基本注法

尺寸的标注方法和注意事项如表 2-8 所示,绘图时,应严格遵守表 2-8 尺寸的基本注法及注意事项。

表 2-8 尺寸的标注方法和注意事项

内容	说 明	正确图例	错误图例
尺寸界线	(1)尺寸界线一端距离图形轮廓线不小于2mm,另一端伸出尺寸线2~3mm (2)图形轮廓线、中心线也可作为尺寸界线	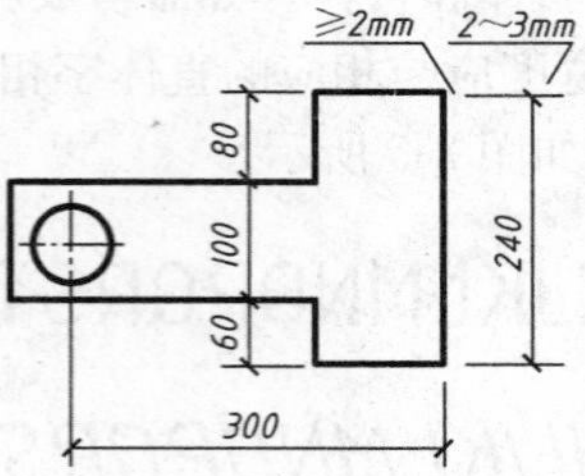	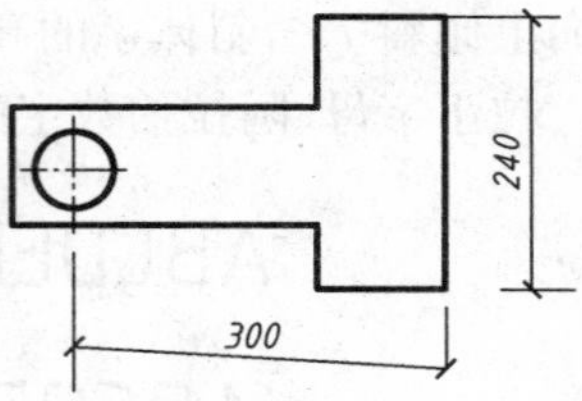
尺寸线	(1)尺寸线与所注长度平行,不应超出尺寸界线 (2)尺寸线必须单独画,任何其他图线或其延长线均不得作为尺寸线	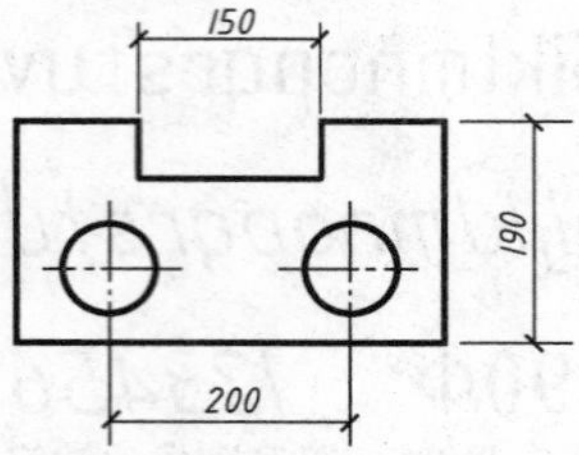	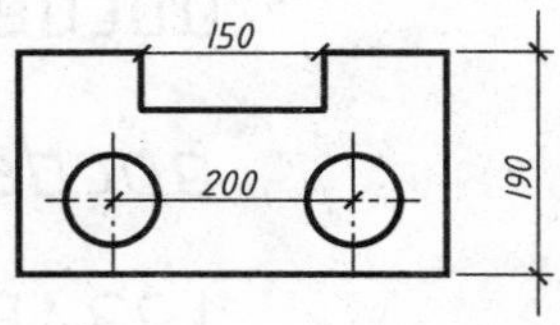
起止符号	(1)用中粗短斜线表示时,其倾斜方向与尺寸界线成顺时针转45°角,长度2~3mm (2)箭头画法如图所示	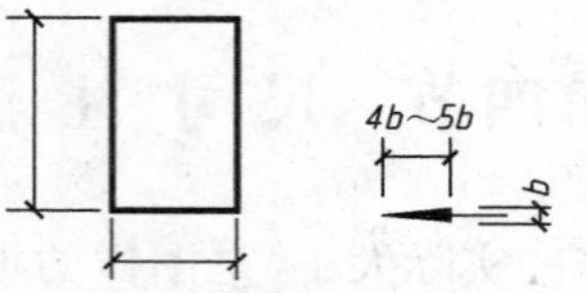 (a)中粗短斜线　(b)箭头	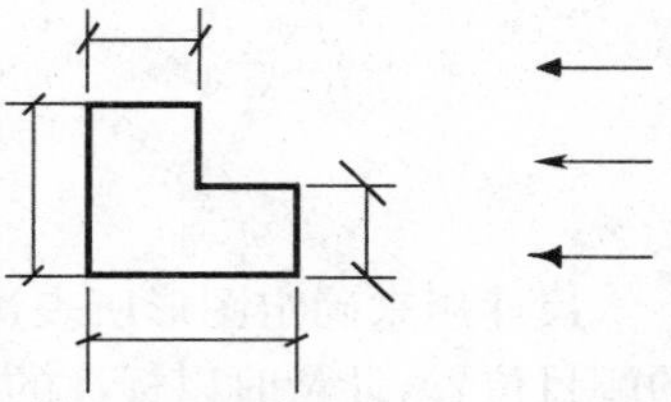 (a)中粗短斜线　(b)箭头
尺寸的排列	(1)互相平行的多道尺寸,其尺寸线应从被标注的图形轮廓线由近向远排列,小尺寸在内,大尺寸在外 (2)尺寸线到轮廓线的距离应大于等于10mm,尺寸线之间的距离为7~10mm之间	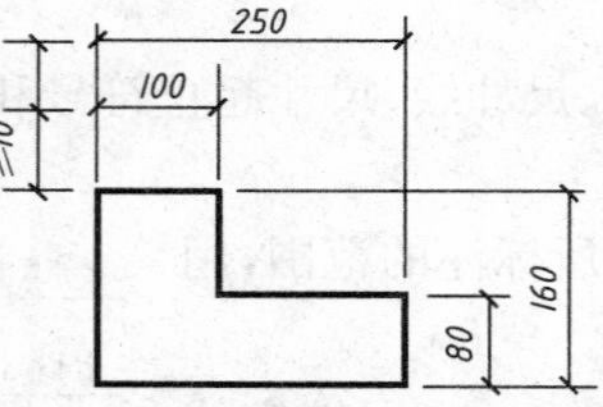	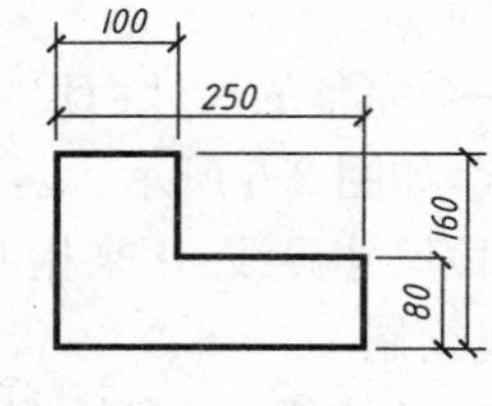
尺寸数字的读数方向	(1)水平尺寸数字字头朝上 (2)竖直尺寸数字字头朝左 (3)倾斜尺寸数字的字头朝向与尺寸线的垂直线方向一致,并不得朝下	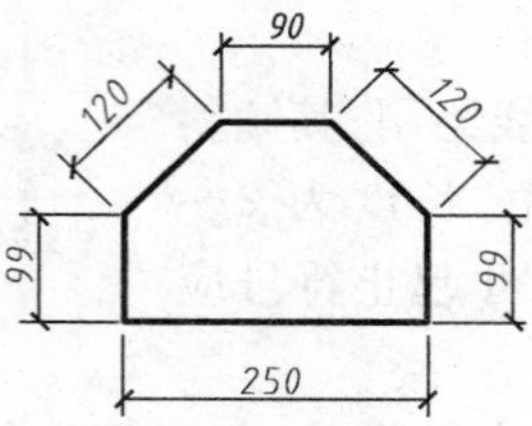	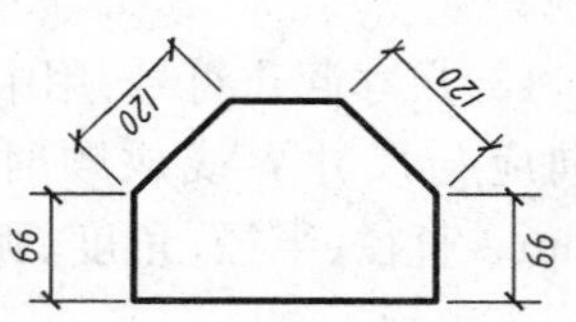
	(4)当尺寸线与竖直线的顺时针夹角在30°以内时,宜按图示方法标注	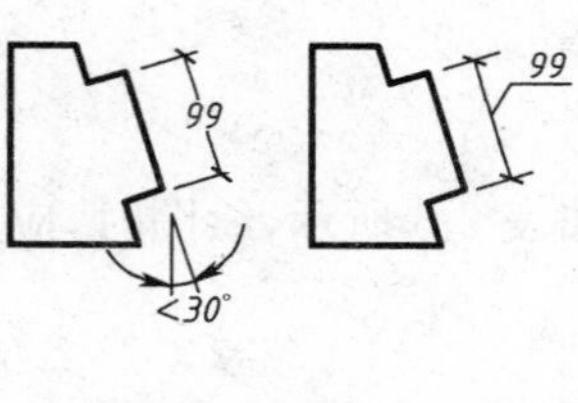	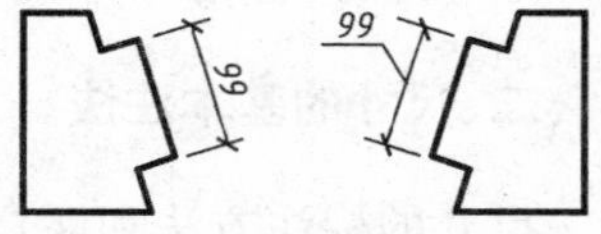 (a)此注法仍可采用,但不推荐　(b)没有必要采用指引线注法

内容	说　明	正确图例	错误图例
尺寸数字注写位置	(1)一般标注在尺寸线上方的中部 (2)当标注位置不足时,最外边的尺寸数字可注写在尺寸界线的外侧,中间相邻的尺寸数字可错开注写,也可引出标注	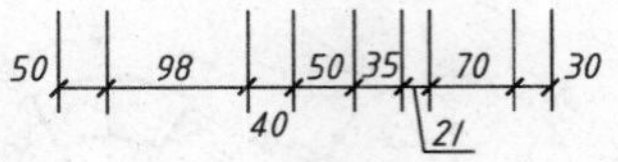 50　98　50 35　70　30 40　21	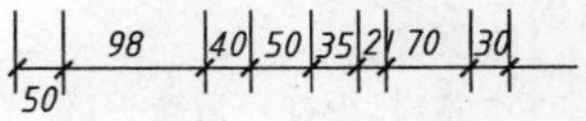 50　98　40 50 35 21 70 30
	(3)尺寸数字应尽量避免与任何图线重叠,不可避免时应将数字处图线断开	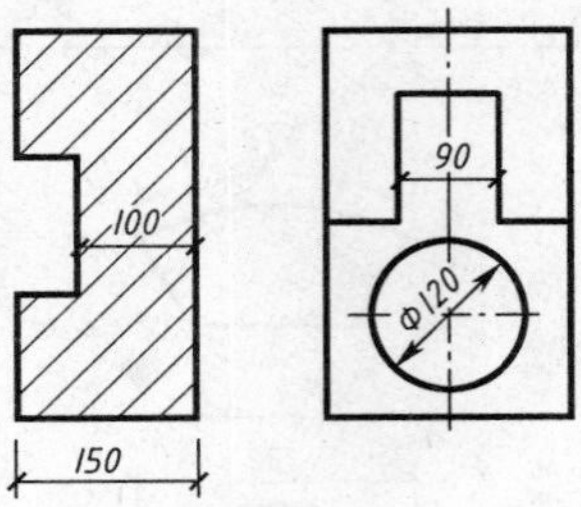 100　90　Φ120　150	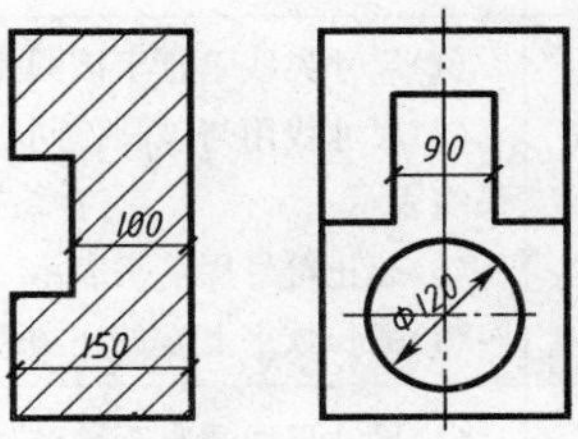 100　90　Φ120　150
圆	(1)圆及大于半圆的圆弧应标注直径,在尺寸数字前面添加符号"φ" (2)一般情况下,尺寸线应通过圆心,两端画箭头指至圆弧	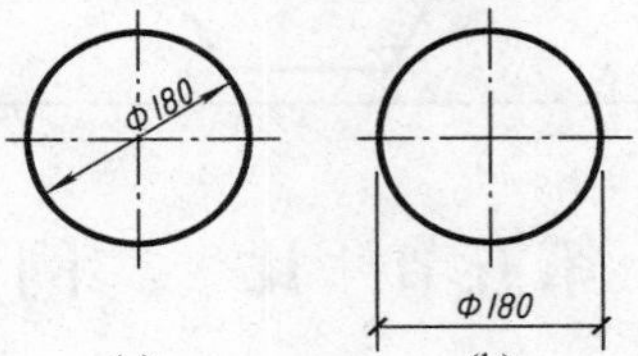 Φ180 (a)　Φ180 Φ180 (b)	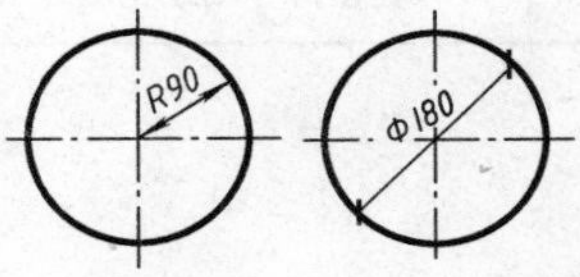 R90　Φ180
	(3)较小的圆,可将箭头和数字之一或全部移出圆外	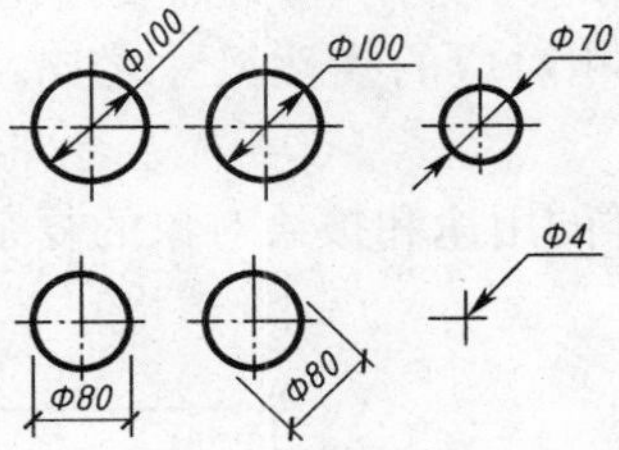 Φ100　Φ100　Φ70 Φ80　Φ80　Φ4	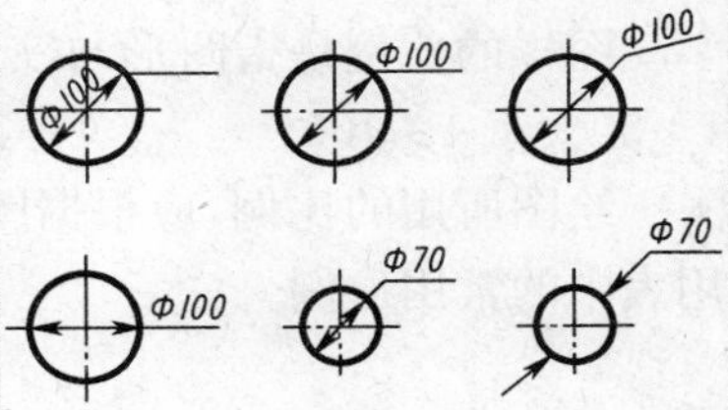 Φ100　Φ100　Φ100 Φ100　Φ70　Φ70
圆弧	(1)圆弧应注半径,并在尺寸数字前加注"R" (2)尺寸线的一端从圆心开始,另一端用箭头指至圆弧	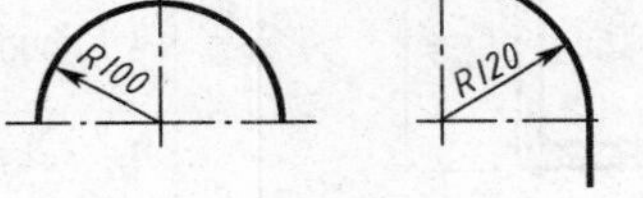 R100　R120	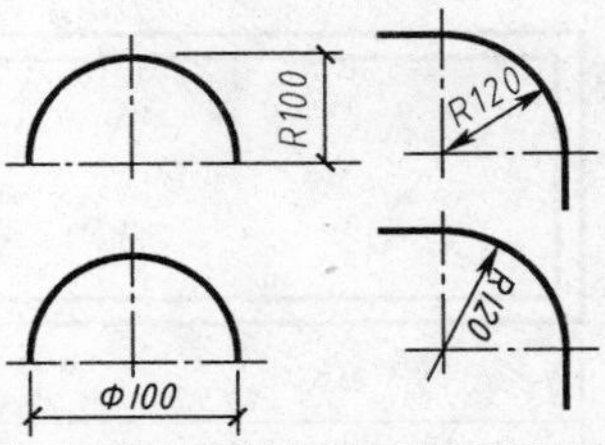 R100　R120 R120 Φ100
	(3)当圆弧较小时,可将箭头和数字之一或全部移出圆外。(注意不要因圆小而将箭头画小;圆外的箭头要指向圆心)	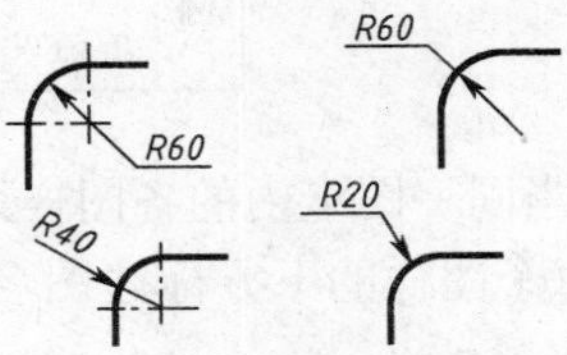 R60 R60 R40　R20	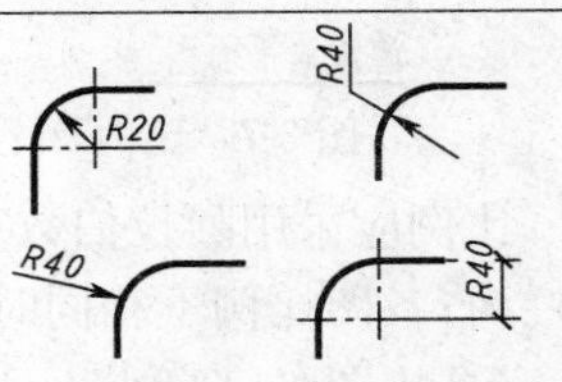 R40 R20 R40　R40
	(4)较大圆弧半径的注法如图所示,图(a)表示圆心在点划线上,图(b)中尺寸线的延长线应通过圆心	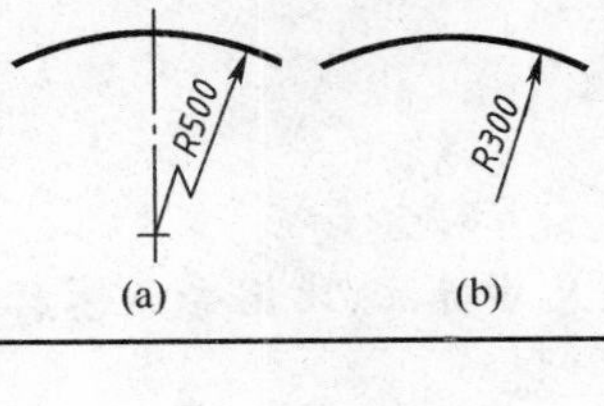 R500　R300 (a)　(b)	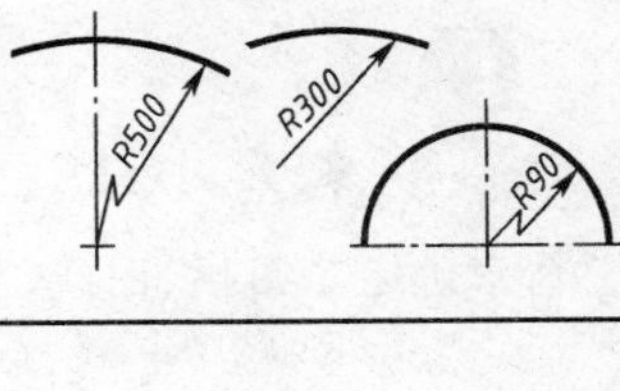 R500　R300 R90

续上表

内容	说　　明	正 确 图 例	错 误 图 例
角度	（1）尺寸界线沿径向引出 （2）尺寸线画成圆弧，圆心是角的顶点 （3）起止符号为箭头，位置不够时用圆点代替 （4）尺寸数字一律水平书写	90° 74°30′ 60° 10° 5°30′	55° 55°
弧长	（1）尺寸界线垂直于该圆弧的弦 （2）尺寸线用与该圆弧同心的圆弧线表示 （3）起止符号用箭头表示 （4）弧长数字上方加注圆弧符号	⌒245	⌒245
弦长	（1）尺寸界线垂直于该弦 （2）尺寸线平行于该弦 （3）起止符号用中粗斜线表示	230	230

第五节　比　　例

　　图样不可能都按建筑物的实际大小绘制，常常需要按比例缩小，如图 2-7 所示。

　　图样的比例是指图形与实物相对应的线性尺寸之比。比例的大小是指比值的大小，如 1∶50 大于 1∶100。

　　绘图所用的比例，应根据图样的用途和被绘对象的复杂程度，从表 2-9 中选用，并优先选用表中的常用比例。

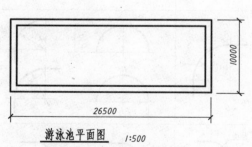

游泳池平面图　1∶500

图 2-7　比例及比例的标注

表 2-9　绘图所用的比例

常用比例	1∶1、1∶2、1∶5、1∶10、1∶20、1∶50
	1∶100、1∶200、1∶500、1∶1000
	1∶2000、1∶5000、1∶10000、1∶20000
	1∶50000、1∶100000、1∶200000
可用比例	1∶3、1∶15、1∶25、1∶30、1∶40、1∶60
	1∶150、1∶250、1∶300、1∶400、1∶600
	1∶1500、1∶2500、1∶3000、1∶4000
	1∶6000、1∶15000、1∶30000

　　比例应采用阿拉伯数字表示，当同一图纸内的各图样采用相同比例时，应将比例注写在标题栏内；各图比例不相同时，应在每个图样的下方标注图名和比例，比例一般标注在图名的右侧，字高比图名字高小一到二号。

本章小结

　　本章讲述了图幅、图线、字体、尺寸标注、比例等国家标准，读者绘图时应严格遵守标准的

有关规定,以保证图面质量。

 复习思考题

1. 图纸的幅面有几种?
2. 字体的规格有哪几种?
3. 尺寸四要素是指什么?

第三章 几何作图

本章描述

几何图形是工程图样的主要组成部分,因此必须掌握几何作图的基本方法和技巧,并在保证图形正确的基础上,提高作图效率和图面质量。

本章介绍常见平面几何图形的作图方法。

拟实现的教学目标

1. 能力目标

能够利用制图工具等分线段、绘制正多边形,能够对复杂的平面图形进行分析,确定合理的绘制顺序,具备徒手绘制简单平面图形的能力。

2. 知识目标

了解线段等分方法及正多边形的画法,了解坡度概念及标注;掌握圆弧连接原理、平面图形的尺寸分析和线段分析方法、徒手作图的基本要领及作图方法。

3. 素质目标

培养学生认真、细致的工作习惯。

第一节　等分线段与等分两平行线间的距离

一、等分线段

将线段 AB 五等分的作图过程如表 3-1 所示。

表 3-1　等分线段

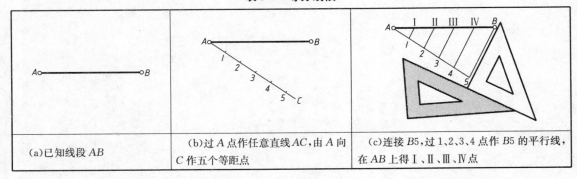

| (a)已知线段 AB | (b)过 A 点作任意直线 AC,由 A 向 C 作五个等距点 | (c)连接 $B5$,过 1、2、3、4 点作 $B5$ 的平行线,在 AB 上得 Ⅰ、Ⅱ、Ⅲ、Ⅳ点 |

二、等分两平行线之间的距离

五等分 AB 至 CD 之间的距离如表 3-2 所示。

表 3-2　等分平行线间距离

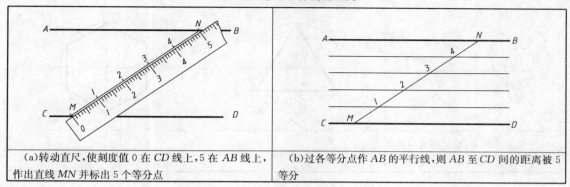

(a)转动直尺,使刻度值 0 在 CD 线上,5 在 AB 线上,作出直线 MN 并标出 5 个等分点	(b)过各等分点作 AB 的平行线,则 AB 至 CD 间的距离被 5 等分

第二节　作正多边形

一、作正方形

已知边长,画正方形的方法如表 3-3 所示。

表 3-3　已知边长画正方形

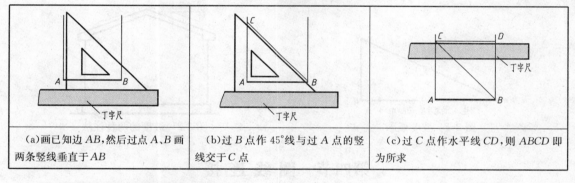

(a)画已知边 AB,然后过点 A、B 画两条竖线垂直于 AB	(b)过 B 点作 45°线与过 A 点的竖线交于 C 点	(c)过 C 点作水平线 CD,则 ABCD 即为所求

二、等分圆周并作圆内接正多边形

(1)用三角板可以作 15°的倍数角,三角板和丁字尺配合可以作圆的内接正三、四、六、八、十二边形,其中正三、六边形的画法如表 3-4 所示。

表 3-4　作圆内接正三、六边形(用丁字尺、三角板)

作正三角形	作正六边形(步骤一)	作正六边形(步骤二)

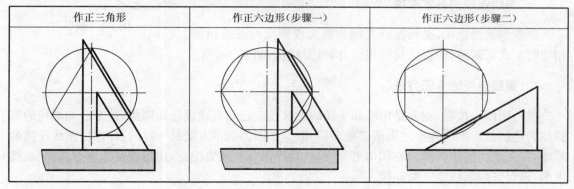

(2)用圆规也可以等分圆周,绘制正三角形和正六边形,如表 3-5 所示。

表 3-5   作圆内接正三、六边形（用圆规）

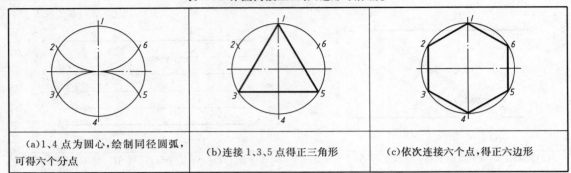

(a)1、4 点为圆心，绘制同径圆弧，可得六个分点	(b)连接 1、3、5 点得正三角形	(c)依次连接六个点，得正六边形

第三节　坡　　度

坡度是指直线或平面相对于水平面的倾斜程度，坡度值的含义如图 3-1 所示。坡度的两种标注方法如图 3-2 所示，注意图中坡度数字下的箭头为单面箭头，并指向下坡方向。同一图样中的坡度注法应尽量统一。

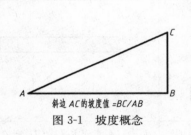

图 3-1　坡度概念

斜边 AC 的坡度值 =BC/AB

图 3-2　坡度的两种注法

第四节　图 线 连 接

图 3-3 所示为扳手的轮廓图。可以看出，在画物体的轮廓形状时，经常需要用圆弧将直线或其他圆弧光滑圆顺地连接起来，或者用直线将圆弧连接起来，这种作图方法被称为图线连接。

一、图线连接的基本原理

要作到光滑连接，必须保证直线和圆弧或圆弧与圆弧相切。相切的形式有两种，即直线与圆相切、圆与圆相切，如表 3-6 所示。

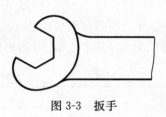

图 3-3　扳手

二、图线连接的作图方法

进行图线连接时，通常是用已知半径的圆弧连接已知直线或已知圆弧，这个已知半径的圆弧称为连接弧。图线连接的类型多种多样，但其作图的基本方法是一样的，即根据图线连接的原理，首先求出连接弧的圆心和切点位置，然后作图。尤其要注意，切点就是连接点，必须准确求出，以保证两图线能光滑连接。

图线连接的画法示例如表 3-7 所示。

表 3-6　图线连接的基本原理

直线与圆相切	圆与圆相切	
	外　切	内　切
1. 圆心与直线的距离为 R 2. 切点 K 为过圆心向切线所作垂线的垂足	1. 圆心距为 R_1+R_2 2. 切点 K 在圆心连线上	1. 圆心距为 R_1-R_2 2. 切点 K 在圆心连线的延长线上

表 3-7　图线连接的画法示例

连接类型	已知条件和求作要求	作 图 方 法	
作圆弧连接二垂直直线	 (a)已知：垂直直线 L_1、L_2 及连接弧的半径 R。 求作：连接弧	 (b)以 L_1、L_2 的交点为圆心，以 R 为半径画弧，得切点 K_1、K_2	 (c)分别以 K_1、K_2 为圆心，以 R 为半径画弧，其交点 O 为连接弧的圆心，然后画弧连线并描深
作圆弧连接二斜交直线	 (a)已知：直线 L_1、L_2 及连接弧半径 R。 求作：连接弧	 (b)作分别与 L_1、L_2 平行且相距为 R 的直线，其交点 O 为连接弧圆心	 (c)求切点 K_1、K_2，画连接弧并描深
作圆弧连接二已知圆弧	 (a)已知：圆弧 O_1、O_2 及连接弧的半径 R。 求作：连接弧与 O_1 外切，与 O_2 内切	 (b)以 O_1 为圆心，$R+R_1$ 为半径画弧，以 O_2 为圆心，$R-R_2$ 为半径画弧，交点 O 为连接弧的圆心	 (c)求切点 K_1、K_2，画连接弧并描深

连接类型	已知条件和求作要求	作 图 方 法	
作圆弧连接已知圆弧	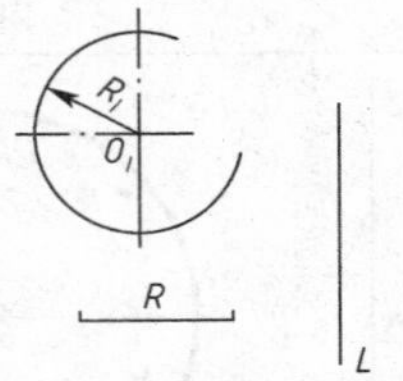	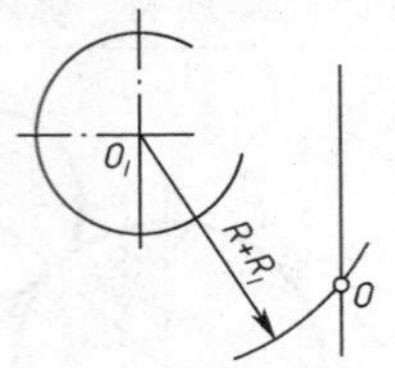	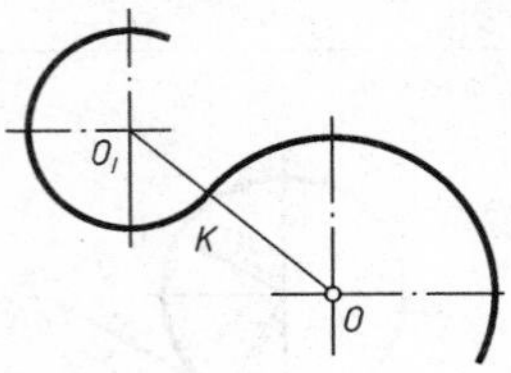
	(a)已知:圆弧 O_1、直线 L 及连接弧的半径 R。 求作:连接弧与圆弧 O_1 外切,并使其圆心在 L 上	(b)以 O_1 为圆心,$R+R_1$ 为半径画弧,与 L 交于 O 点,则 O 点为所求连接弧的圆心	(c)求切点 K。以 O 为圆心,R 为半径画弧,与圆弧 O_1 相切,连线并描深
作直线连接二已知圆弧(简便画法)	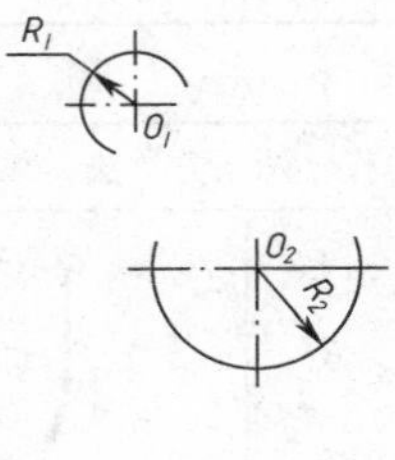	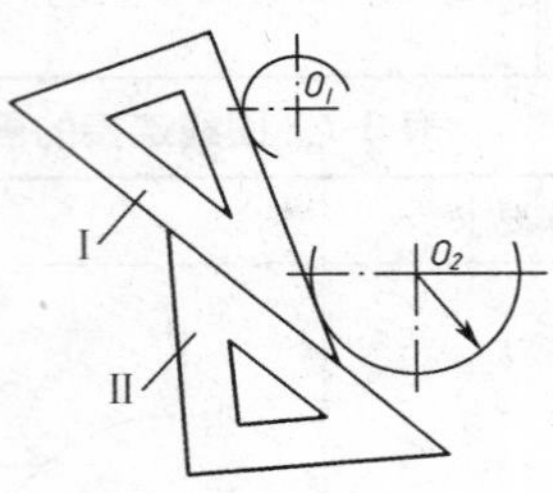	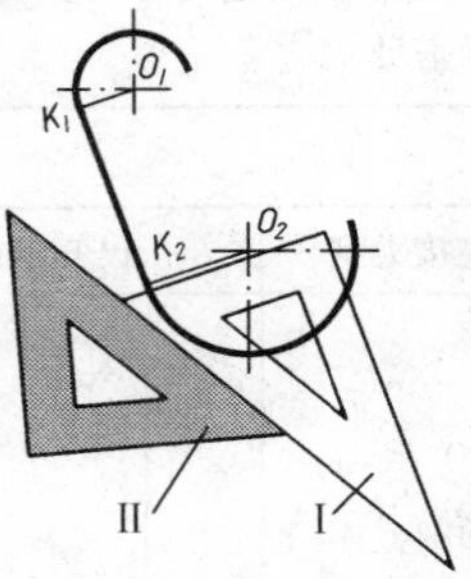
	(a)已知:圆弧 O_1、O_2。 求作:连接直线与 O_1、O_2 圆弧外切	(b)使三角板 I 的一个直角边与二圆相切(目测),再使板 II 紧贴板 I 的斜边	(c)板 II 不动,移动板 I,过 O_1、O_2 作切线的垂线,得二切点 K_1、K_2,连线并描深

　　为了使图线光滑连接,必须保证两线段在切点处相连,即切点是两线段的分界点。为此,应准确作图,当因作图误差致使两图线不能在切点处相连时,可通过微量调整圆心位置或连接弧半径,最终使图线在切点处相连。

第五节　平面图形的画法

　　平面图形通常由多条直线段和曲线段连接而成,各线段由尺寸或一定的几何关系来定位,一个平面图形能否正确绘制出来,要看图中所给的尺寸是否完整和正确,绘图时要养成先分析后作图的习惯,分析的目的是确定图形的作图顺序,包括两个方面:一是要先确定图形的基准线,并进一步分析哪些是主要线段,哪些是次要线段,从而决定整体绘图的大致顺序;二是要搞清哪些线段可以直接画出来,哪些线段不能直接画出来,从而决定相邻线段的作图顺序。图形分析包括尺寸分析和线段分析两个方面的内容。

　　下面以图 3-4 为例,说明平面图形的分析方法和作图过程。

一、平面图形的尺寸分析

　　平面图形中的尺寸分为两大类:

　　(1)定形尺寸——确定平面图形各组成部分大小的尺寸。圆的直径、圆弧半径、线段长度及角度等都属于定形尺寸。例如图 3-4 中的 $\phi30$、$R16$、$R14$ 及 52、6 等尺寸。

(2)定位尺寸——确定平面图形各组成部分相对位置的尺寸。如图 3-4 中的 36、100、76 等尺寸。尺寸 80 既是定形尺寸（图形下部总长度），又是定位尺寸（确定 R14 的圆弧位置）。

在平面图形中，应确定水平和垂直两个方向的基准线，它们既是定位尺寸的起点，又是最先绘制的线段。通常选图形的重要端线、对称线、中心线等作为基准线，如图 3-4 所示。

尺寸分析是线段分析的基础。

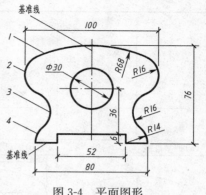

图 3-4 平面图形

二、平面图形的线段分析

平面图形中的线段，根据所给定的尺寸可分为三种：

(1)已知线段——具备完整的定形尺寸和定位尺寸，可以直接画出的线段。如图 3-4 中的直线段、φ30 的圆和线段 1、4 等。

(2)中间线段——只有定形尺寸和一个定位尺寸，需要分析与相邻线段的连接关系才能画出的线段。如图 3-4 中线段 2，缺少一个定位尺寸，只有线段 1 确定后才能画出。

(3)连接线段——只有定形尺寸没有定位尺寸，需要分析其前后两端与相邻线段的连接关系，才能画出的线段。如图 3-4 中线段 3，必须先画出线段 2 和 4，才能画出线段 3。

作图时，总是先画已知线段，再画中间线段，最后画连接线段。其中，中间线段和连接线段按本章第四节中介绍的图线连接方法绘制。

应当说明，通常平面图形的大部分线段属于已知线段，对这些线段仍应进行分析，确定合理的作图顺序，以利提高作图效率和图面质量。

三、平面图形的绘图步骤

下面以图 3-4 为例，介绍绘制平面图形的一般步骤。

（一）图形分析

通过尺寸分析和线段分析，确定作图的基准线和绘图顺序。

（二）绘制底稿

(1)根据图形的大小和复杂程度，确定图幅和比例，画出图框和标题栏。

(2)布图。要周密考虑图样在图纸上的位置（要留出尺寸和有关文字说明的位置），作到布图匀称，画出基准线后即完成布图，见表 3-8(a)。

(3)按照作图顺序画出图形[表 3-8(b)、(c)、(d)]。

(4)画出尺寸界线和尺寸线[表 3-8(e)]。尺寸起止符号和数字在描深阶段一次完成。

(5)检查图样，修改错误。

（三）描深图样[表 3-8(f)]

1. 描深顺序

根据需要，将图样描深，描深顺序是：

(1)先曲线后直线，先粗线后细线，先实线后虚线，最后画点划线。

(2)先上方后下方，先左方后右方，先水平后垂直。

同类线成批画，同方向线集中画。

表 3-8　平面图形的绘制步骤

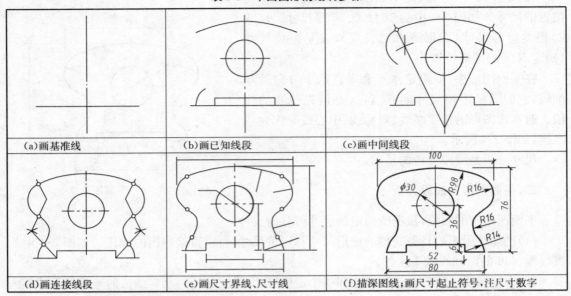

(a)画基准线	(b)画已知线段	(c)画中间线段
(d)画连接线段	(e)画尺寸界线、尺寸线	(f)描深图线；画尺寸起止符号，注尺寸数字

最后画尺寸起止符号并填写数字、文字。

2. 描深注意事项

铅笔描深前,应将多余的底稿线擦净,描深时要注意保持同类线型的宽度一致,粗实线的中心位置应与底稿线重合,如图 3-5 所示。

(四)图样修饰

用橡皮擦掉错线,并擦干净图纸。

图 3-5　描深粗实线

四、平面图形的尺寸标注

(一)平面图形的尺寸标注要求

(1)正确——尺寸标注符合制图标准的规定。

(2)完整——尺寸必须齐全,不能遗漏。同时在尺寸数量上应力求简洁。

(3)清晰——尺寸要注在图形的最明显处,且布置整齐,便于看图。

(二)标注尺寸的步骤

(1)确定尺寸基准。

(2)标注定形尺寸。

(3)标注定位尺寸。

(三)平面图形的一些尺寸注法和注意事项(如表 3-9 所示)

表 3-9　平面图形的尺寸标注示例

说　　明	正确注法	不适当注法
(1)应有"总长"和"总高"尺寸 (2)非对称图形,通常选择端线作为尺寸基准	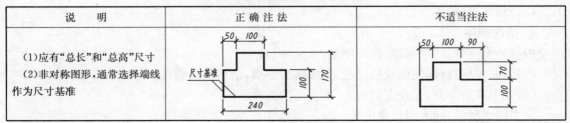	

续上表

说　明	正确注法	不适当注法
（3）对称图形选择其对称线（点画线）作为尺寸基准，相应方向的尺寸应"对称"标注 （4）相同的构造要素（如孔、槽等），可仅注一个尺寸，并加注数量	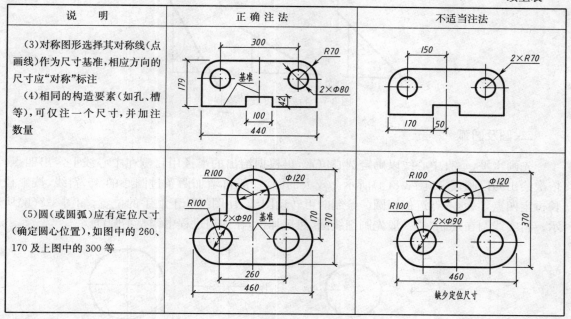	
（5）圆（或圆弧）应有定位尺寸（确定圆心位置），如图中的260、170及上图中的300等		

第六节　徒手绘图

在实物测绘、工程设计和技术交流过程中，经常需要徒手快速作图，目测比例徒手绘制的工程图样被称为草图，徒手绘图是工程技术人员一项不可缺少的基本功。

徒手绘图时，图纸不必固定，可根据需要转动或移动。绘图铅笔一般选择 HB 或 B 型，铅芯磨成锥形，握笔姿势要轻松，画线也不必过于用力，线条要舒展，图形各部分的比例要协调。初学者一般采用方格纸来绘制，图形大小可按方格的格数来控制。

一、直　线

徒手画直线时，先标出直线两端点，手腕、小手指轻压纸面，眼睛随时看着所画线的终点，目测图线的走向和长短，慢慢移动手腕和手臂。注意握笔一定要自然放松。较长线段可分段画出。画斜线时可将图纸转平当成水平线或垂直线去画，如图 3-6 所示。

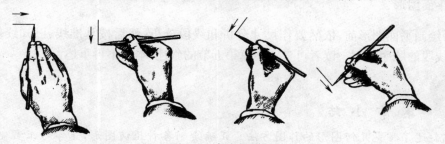

图 3-6　直线的绘制

画 45°、30°、60°斜线时，可以先画两条直角边，然后按对边和底边的比例关系定点再连线，如图 3-7 所示。

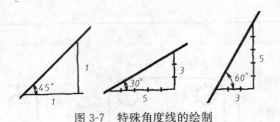

图 3-7　特殊角度线的绘制

二、圆及圆弧

先画水平、垂直中心线以确定圆心位置,再根据给出的半径用目测在中心线上定出四点,依次绘出四段圆弧,如图 3-8(a)所示。较大的圆,一般再增加两条过圆心的 45°斜线,按半径长再定四点,以此八点近似画圆。绘制时可转动图纸,使图纸处于顺手的位置,如图 3-8(b)所示。粗实线圆在绘制时,一般先画细线圆,然后加粗,在加粗过程中调整不圆度。

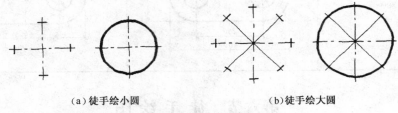

(a)徒手绘小圆　　　　　　　(b)徒手绘大圆

图 3-8　圆的绘制

三、椭　　圆

先画出椭圆的长短轴线,目测定出椭圆的端点,然后画出其外切矩形,将矩形的对角线六等分,过长短轴端点及对角线等分点徒手绘制圆弧,如图 3-9 所示。

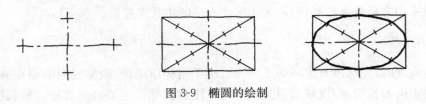

图 3-9　椭圆的绘制

四、平面图形

徒手绘制平面图形前,依然要作尺寸分析和线段分析,然后按基准线、已知线段、中间线段、连接线段的顺序绘制。读者可参考本章第五节的叙述,本节不再重述。

 本 章 小 结

本章叙述了常见几何图形的作图方法。正确绘制各种几何图形,是学习工程制图课的基本技能之一。图线连接的类型多种多样,但其作图的基本方法是一样的,即根据图线连接的原理,首先求出连接弧的圆心和切点位置,然后作图。

平面图形通常由多条直线段和曲线段连接而成,各线段由尺寸或一定的几何关系来定位,

一个平面图形能否正确绘制出来,要看图中所给的尺寸是否完整和正确,绘图时要养成先分析后作图的习惯。

在实物测绘、工程设计和技术交流过程中,经常需要徒手快速作图,徒手绘图是工程技术人员一项不可缺少的基本功。

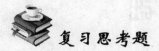 复习思考题

1. 如何六等分圆?
2. 试用四分法画出一个椭圆。

第四章 投影基础

 本章描述

工程图样是应用投影原理和方法绘制的。

本章讲述投影原理、投影性质及三面投影图的形成、规律及画法,研究点、线、面的投影特征,为学习识读、绘制形体投影图打下基础。

 拟实现的教学目标

1. 能力目标

初步掌握形体三面投影图的画法,能分析点、线、面的投影特点。

2. 知识目标

掌握投影的基本理论及形体三面投影图的形成,投影规律,了解点、线、面的投影特征。

3. 素质目标

初步树立由空间→平面(三维→二维)的思维方式,培养归纳、总结的思维能力。

第一节 正投影法

一、投影法的基本概念和分类

(一)基本概念

在日常生活中,我们经常可以看到物体在灯光或阳光照射下出现影子,如图 4-1(a)、(b)所示,这就是投影现象。

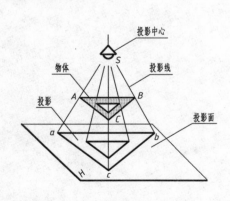

(a)灯光下三角板的影子

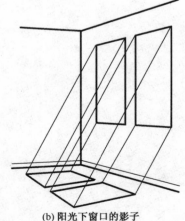

(b)阳光下窗口的影子

图 4-1 日常生活中的影子

　　影子在一定条件下能反映物体的外形和大小,使人们联想到用投影图来表达物体,但随着光线和物体相互关系的改变,影子的大小和形状也有变化,且影子往往是灰暗一片的。而生产上所用的图样要求能准确明晰的表达出物体各部分的真实形状和大小,为此,人们对投影现象进行了科学总结,逐步形成了投影方法。

　　如图 4-1(a)所示,光源 S 称投影中心,△ABC 称空间形体,SA、SB、SC 称投影线(可穿透形体),地面或墙面称投影面,各投影线与投影面的交点 a、b、c,称为△ABC 各角点的投影,△abc 称为△ABC 的投影。

　　在平面(纸)上绘出形体的投影,以表示其形状和大小的方法称为投影法。

　　(二)投影法的分类

　　投影法一般可分为中心投影法和平行投影法两类。

　　1. 中心投影法

　　如图 4-1(a)所示,投影线自一点引出,对形体进行投影的方法,称中心投影法。用中心投影法得到的投影,其形状和大小是随着投影中心、形体、投影面三者相对位置的改变而变化的,一般多用于绘制建筑透视图,如图 4-2 所示。

图 4-2　透视图

　　2. 平行投影法

　　如图 4-3 所示,投影线相互平行对形体进行投影的方法,称平行投影法。

　　平行投影法按投影线与投影面的交角不同,又分为:

　　(1)斜投影法。投影线倾斜于投影面的投影法,如图 4-3(a)所示。

　　(2)正投影法。投影线垂直于投影面的投影法,如图 4-3(b)所示。

　　利用正投影法绘制的图样称正投影图,简称正投影。

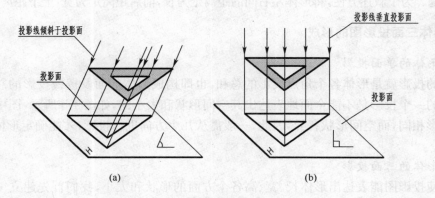

图 4-3　平行投影法

　　当形体的主要面平行于投影面时,其正投影图能真实地表达出形体上该面的形状和大小,因而正投影图便于度量尺寸和画图,是工程上常采用的一种图示方法。本书所述的投影,如无特殊说明,均为正投影。

二、正投影的基本性质

(1)显实性。平行于投影面的直线段或平面图形,其投影能反映实长或实形,又称全等性,如图 4-4(a)所示。

(2)积聚性。垂直于投影面的直线段或平面图形,其投影积聚为一点或一条直线,属于直线上的点或面上的点、线或图形等,其投影分别积聚在直线或平面的投影上,如图 4-4(b)所示。

(3)类似性。倾斜于投影面的直线段或平面图形,其投影短于实长或小于实形(但与空间图形类似),如图 4-4(c)所示。

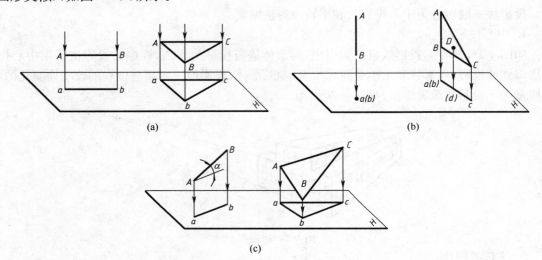

图 4-4　正投影的基本性质

第二节　形体的三面投影图

任何形体都有长、宽、高三个尺寸,怎样才能在图纸上表达出空间形体,这是绘图中首先需要解决的问题。为了叙述方便,将形体左右间的距离定为长,前后距离定为宽,上下距离定为高。

一、形体三面投影图的形成

(一)形体的单面投影

形体的投影就是形体各个角点投影的总和,也即构成形体的面及棱线投影的总和。但只画出形体的一个投影是不能全面地表达出其空间形状和大小的,如图 4-5 所示,图中几个形体的单面投影相同,而空间形状各异,因此,一般需从几个方向进行投影,才能确定形体唯一的形状和大小。

(二)形体的三面投影

为了使投影图能表达出形体长、宽、高各个方面的形状和大小,我们首先建立一个由三个相互垂直的平面组成的三投影面体系,如图 4-6 所示,在此体系中呈水平位置的称水平投影面(简称水平面或 H 面);呈正立位置的称正立投影面(简称正面或 V 面);呈侧立位置的称侧立投影面(简称侧面或 W 面)。三个投影面的交线 OX、OY、OZ 称投影轴,它们相互垂直并分别表示长、宽、高三个方向。三个投影轴交于一点 O，称为原点。然后把形体放在该体系中，并使形体的主要面分别与三个投影面平行，由前向后投影得到正面投影（V 面投影），由上向下投影得到水平投影（H 面投影），由左向右投影得到侧面投影（W 面投影）。

为了把处在空间位置的三个投影图画在同一张纸上，需将三个投影面展开。展开时使 V 面保持不动，H 面和 W 面沿 Y 轴分开，分别绕 OX 轴向下、绕 OZ 轴向右各转 $90°$，使三个投影摊开在一个平面上。展开后 OY 轴分为两处，在 H 面上的标以 OY_H；在 W 面上的标以 OY_W，如图 4-7 所示。

由于投影图与投影面的大小无关，展开后的三面投影图一般不画出投影面的边框。其位置关系为：水平投影位于正面投影的正下方；侧面投影位于正面投影的正右方，如图 4-8 所示。在工程图上称 V 面投影为**正立面图**；H 面投影为**平面图**；W 面投影为**左侧立面图**。应注意，三面投影图与投影轴的距离，只反映形体与投影面的距离，与形体的形状和大小无关，故工程图样中不必画出投影轴。

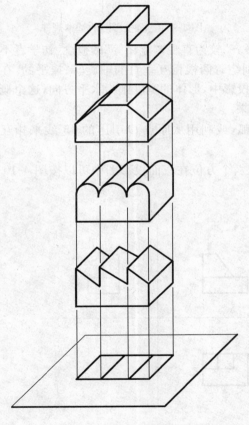

图 4-5　形体的单面投影

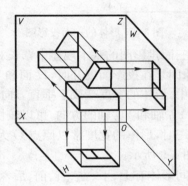

图 4-6　形体的三面投影

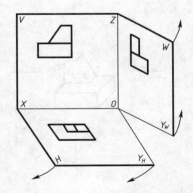

图 4-7　三个投影面的展开

二、三面投影图的规律

分析三面投影图的形成过程，如图 4-7 和图 4-8 所示，可以总结出三面投影图的基本规律，如图 4-9 所示。

由于正面投影、水平投影都反映了形体的长度，且 H 面又是绕 OX 轴向下旋转摊平的，所以形体上所有线（面）的正面投影和水平投影都应当左右对正；同理，由于正面投影、侧面投影都反映了形体的高度,形体上所有线(面)的正面投影和侧面投影都应当上下对齐;水平投影、侧面投影都反映了形体的宽度,形体上所有线(面)的水平投影和侧面投影的宽度应分别相等。上述三面投影的基本规律可以概括为三句话:**"长对正、高平齐、宽相等"**(简称**"三等"**关系)。

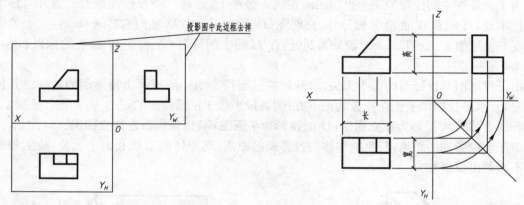

图 4-8　形体的三面投影图　　　　　　　图 4-9　三面投影图的基本规律

在三面投影图的基本规律中,"长对正"、"高平齐"较为直观,"宽相等"的概念,初学者不易建立,原因是在投影面展开时,H 面和 W 面是分别绕着两根相互垂直的轴旋转、摊平的,在水平投影中,形体的宽度变成了垂直方向,而在侧面投影中,形体的宽度则为水平方向,这个概念如联系 Y_H 轴和 Y_W 轴的方向,可以较快地建立起来。

作图时,形体的宽度常以原点 O 为圆心画圆弧,或利用从原点 O 引出的 45°线来相互转移,如图 4-9 所示。

空间形体有上、下、左、右、前、后六个方位,这六个方位在三面投影图中可以按图 4-10 所示的方向确定。

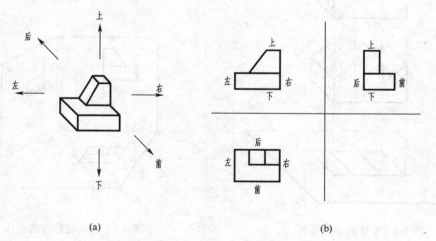

(a)　　　　　　　　　　　　　　　(b)

图 4-10　形体的六个方位

形体的上、下、左、右方位明显易懂,而前、后方位则不直观,分析其水平投影和侧面投影可以看出,**"远离正面投影的一侧是形体的前面"**。

掌握三面投影图中空间形体的方位关系和"三等"关系,对绘制和识读投影图是极为重要的。值得注意的是:在工程图样中,虽然互相垂直的两根轴线可以不画,但上述"三等"关系是必须要保持的。

三、三面投影图的画法和尺寸标注

工程制图主要是研究如何运用投影来表达空间形体的。画形体的三面投影图，就是运用上述投影原理、投影特性及三面投影的基本规律，对形体进行分析，由理论到实践的过程。

【例 4-1】 根据图 4-11 所示形体的直观图，画其三面投影图，并标注尺寸。

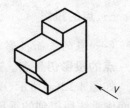

图 4-11 形体直观图

分析:作投影图时，应使正面投影较明显的反映形体的外形特征，故将形体具有特征的一面平行 V 面，并照顾其他投影图的虚线尽量少。图 4-11 中箭头所示为正面投影的方向，此时反映形体特征的前、后面平行 V 面，正面投影反映实形，形体的其他表面垂直 V 面，其正面投影均积聚在前、后面投影的轮廓线上，同理，可分析 H 面、W 面的投影。

作图:一般先从反映实形的投影作起，再依据三面投影规律画出其他投影。作图方法、步骤如表 4-1 所示。

尺寸标注:在投影图中，需注出形体的长、宽、高三个方向的大小及有关部分的位置尺寸。在正面投影中可标注形体的长度和高度，在水平投影中可标注长度和宽度，在侧面投影中可标注其高度和宽度，但同一尺寸不必重复，且尺寸最好注在反映实形和位置关系明显的投影图上。如表 4-1(d)所示，因正面投影反映形体特征，其长、高尺寸大都注在该投影中；为方便读图，一般其长度尺寸注在正面投影、水平投影之间，高度尺寸则注在正面投影、侧面投影之间，而且尺寸尽量标注在图形之外。实际上每个投影图均为一个平面图形，可参照本书"制图基本知识"中"平面图形"尺寸注法的有关规则进行标注。

表 4-1　画三面投影图的方法、步骤

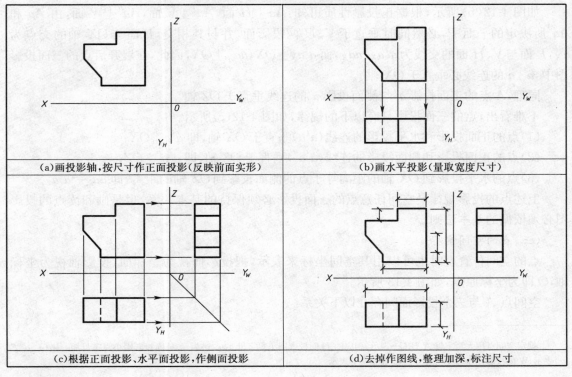

(a)画投影轴，按尺寸作正面投影(反映前面实形)	(b)画水平投影(量取宽度尺寸)
(c)根据正面投影、水平投影，作侧面投影	(d)去掉作图线，整理加深，标注尺寸

第三节　点、直线、平面的投影

点、直线、平面是组成形体的基本几何元素,本节即研究它们的投影特性和投影规律,为提高投影分析能力和空间想像能力及为读图和画图打下必要的理论基础。

一、点的投影

(一)点的三面投影

点的投影仍是点。这是点的投影特性。

如图 4-12(a)所示,A 点是长方体的一个角点,A 点的三面投影,即由空间 A 点分别向三个投影面作垂线所得到的垂足,如图 4-12(b)所示,a 称为 A 点的水平投影,a′称为 A 点的正面投影,a″称为 A 点的侧面投影*。把三个投影面展开即得 A 点的三面投影图,如图 4-12(c)所示。

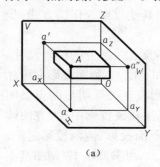 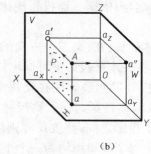 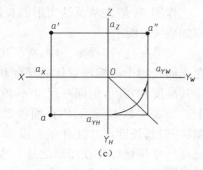

(a)　　　　　　　　　　(b)　　　　　　　　　　(c)

图 4-12　点的投影

(二)点的三面投影规律

如图 4-12(b)所示,根据正投影性质可知:$Aa \perp H$ 面,$Aa' \perp V$ 面,$Aa'' \perp W$ 面,由 Aa 和 Aa' 所决定的平面 P,必然同时垂直于 V、H 两投影面,并与其相交,P 面与 OX 轴的交点为 a_X,P 面与 V、H 面的交线为 $a'a_X$、aa_X,而 $a'a_X \perp OX$,$aa_X \perp OX$,因此,在展开后点的三面投影图中,a'、a 的连线必垂直于 OX 轴。

同理,A 点的正面投影 a' 与侧面投影 a'' 的连线垂直于 OZ 轴。

不难看出,点的三面投影具有以下的规律,如图 4-12(c)所示。

(1)点的正面投影和水平投影的连线($a'a$)垂直于 OX 轴,即 $a'a \perp OX$;

(2)点的正面投影和侧面投影的连线($a'a''$)垂直于 OZ 轴,即 $a'a'' \perp OZ$;

(3)点的水平投影到 OX 轴的距离等于点的侧面投影到 OZ 轴的距离,即 $aa_X = a''a_Z$。

上述点的投影规律是空间任意点的三面投影必须保持的基本关系,也是画和读点的投影图必须依循的基本法则。

(三)点的空间坐标

点的空间位置有时也可以用其空间坐标来表示,把投影面视为坐标面,投影轴视为坐标轴,O 即为坐标原点,如图 4-13 所示。

空间点 A 与三个投影面间存在以下关系:

---

*　规定空间点用大写字母 A、B、C…表示,相应的 H 面投影用小写字母 a、b、c…表示,V 面投影用小写字母加一撇(a'、b'、c'…)表示,W 面投影用小写字母加二撇(a''、b''、c''…)表示。

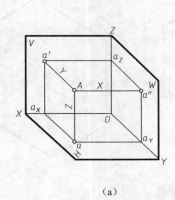

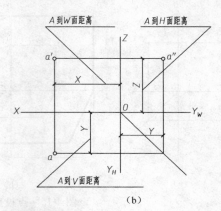

图 4-13 点的空间坐标

A 点到 W 面的距离 Aa'',称作 A 点的横坐标,用 X 表示;

A 点到 V 面的距离 Aa',称作 A 点的纵坐标,用 Y 表示;

A 点到 H 面的距离 Aa,称作 A 点的高坐标,用 Z 表示。

A 点的位置若以坐标表示,则书写成 $A(X、Y、Z)$ 的形式。

(四)重影点

当空间两点处在某一投影面的同一垂线上(即有两对同名坐标对应相等)时,它们在该投影面上的投影必然重合,此两点称为对这个投影面的重影点。

对于重影点需判别其可见性,一般采用点对该投影面的坐标值来判断,坐标值大者为可见,小者为不可见,凡不可见的点,其投影符号用圆括号括起来。如图 4-14 所示,空间点 B、C 的 X、Z 坐标对应相等,即 B、C 处于 V 面的同一垂线上,该两点是 V 面的重影点,由于 $Y_B > Y_C$,因而 B 点在 C 点的前面,对 V 面而言,点 B 可见,点 C 不可见。C 点的正面投影标以 (c')。

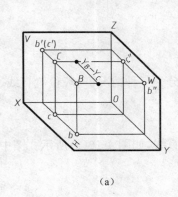

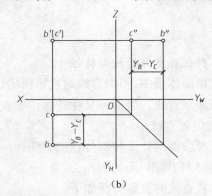

图 4-14 重影点

(五)点投影图的识读

读点的投影图,如图 4-15(a)所示,即根据点的投影规律,想像出点在三投影面中的空间位置。初学时,可设想将 H 面和 W 面按图 4-15(b)所示恢复成原来的位置,再从点的各投影引出所在面的垂线,三垂线的交点即为空间点的位置,如图 4-15(c)所示。

二、直线的投影

直线的投影,在一般情况下仍为直线。这是直线投影的特性。

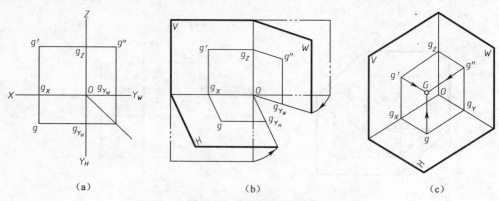

图 4-15　点投影图的识读

空间两点可以确定一直线段(后面所述直线皆指线段而言)。因此,直线的三面投影,可由其两端点的同面投影相连而得,如图 4-16 所示。

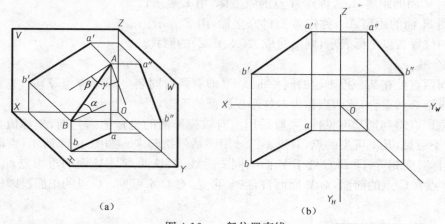

图 4-16　一般位置直线

(一)各种位置直线的投影特性

在三投影面体系中,根据直线对投影面的位置,可分为三种情况:一般位置直线、投影面平行线和投影面垂直线。后两种又称特殊位置直线。

1. 一般位置直线

对三个投影面均处于倾斜位置的直线称一般位置直线,如图 4-16(a)所示。图中 α、β、γ 分别表示直线对 H、V、W 面的倾角。

一般位置直线的投影特征如下:

(1)三面投影均与投影轴倾斜,且比实长短;

(2)投影与投影轴的夹角不反映直线对投影面的真实倾角,如图 4-16(b)所示。

【**例 4-2**】　已知直线的两面投影,如图 4-17(a)所示,求作第三投影,并判别其空间位置及指向。

分析:直线的投影即其两端点同面投影的连线,题中已知直线端点的两面投影,根据点的投影规律可求出第三投影。

作图:作图方法如图 4-17(b)所示。

讨论:①由于直线的三面投影对投影轴均倾斜,知其为一般位置直线,且端点 B 在 H 面上;

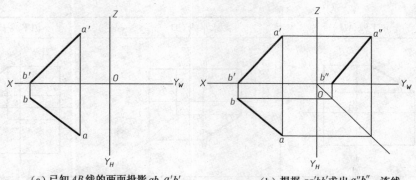

（a）已知 AB 线的两面投影 ab、a'b'　　　　　（b）根据 aa'bb' 求出 a"b"，连线

图 4-17　求直线的投影

②AB 的指向自上、右、前到下、左、后。（请读者自行分析为什么）。

2. 投影面平行线

凡与某一投影面平行，与其他两投影面成倾斜位置的直线称为投影面平行线。投影面平行线可分为：

正面平行线（正平线）——与 V 面平行，与 H、W 面倾斜；

水平面平行线（水平线）——与 H 面平行，与 V、W 面倾斜；

侧面平行线（侧平线）——与 W 面平行，与 V、H 面倾斜。

投影面平行线的投影图及投影特征见表 4-2。

由表 4-2 可以得出投影面平行线的投影特征如下：

(1)直线在所平行的投影面上的投影，反映直线的实长及直线对另外两个投影面的实际倾角；

(2)直线在另外两个投影面上的投影比实长短，且分别平行确定它所平行的投影面的两轴。

表 4-2　投影面平行线

	正平线 AB	水平线 CD	侧平线 EF
体表面上的直线			
直观图			

正平线 AB	水平线 CD	侧平线 EF
投影图			
投影特征	(1)在 V 面的投影反映实长 (2)在 H、W 两面的投影分别平行于确定 V 面的 X、Z 两轴,且比实长短 (3)α、γ 分别反映 AB 与 H、W 面的倾角	(1)在 H 面的投影反映实长 (2)在 V、W 两面的投影分别平行于确定 H 面的 X、Y 两轴,且比实长短 (3)β、γ 分别反映 CD 与 V、W 面的倾角	(1)在 W 面的投影反映实长 (2)在 H、V 两面的投影分别平行于确定 W 面的 Y、Z 两轴,且比实长短 (3)α、β 分别反映 EF 与 H、V 面的倾角

3. 投影面垂直线

凡垂直于某一投影面(与另外两个投影面平行)的直线称投影面垂直线。投影面垂直线可分为:

正面垂直线(正垂线)——与 V 面垂直,与 H、W 面平行;

水平面垂直线(铅垂线)——与 H 面垂直,与 V、W 面平行;

侧面垂直线(侧垂线)——与 W 面垂直,与 V、H 面平行。

投影面垂直线的投影图及投影特征见表 4-3。

表 4-3　投影面垂直线

	正垂线 AB	铅垂线 CD	侧垂线 EF
体表面上的直线			
直观图			

续上表

正垂线 AB	铅垂线 CD	侧垂线 EF
投影图		
(1)V 面投影积聚成一点 (2)H、W 面的投影分别垂直于确定 V 面的 X、Z 两轴,且反映实长	(1)H 面投影积聚成一点 (2)V、W 面的投影分别垂直于确定 H 面的 X、Y 两轴,且反映实长	(1)W 面投影积聚成一点 (2)H、V 面的投影分别垂直于确定 W 面的 Y、Z 两轴,且反映实长

由表 4-3 可以得出投影面垂直线的投影特征如下:

(1)直线在所垂直的投影面上的投影积聚成一点;

(2)直线在另外两个投影面上的投影反映实长,且分别垂直于确定它所垂直的投影面的两轴。

(二)直线投影图的识读

识读直线的投影图时,主要是根据直线的投影特征来判断其空间位置及指向。

【例 4-3】 试判断图 4-18(b)中 AB、BC、CD 三直线的空间位置及指向。

分析图 4-18(b):

(1)由直线 AB 三个投影的特征,可以确定该直线为一般位置直线,从 H 面投影可知 A 点在 B 点的右后方,从 V 面投影可知 A 点在 B 点的上方,因此,AB 线的指向是从右后上到左前下。

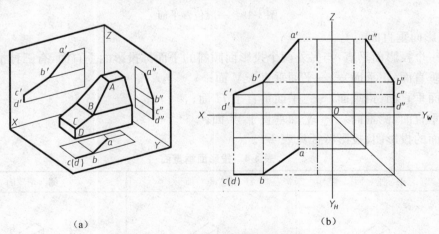

(a)   (b)

图 4-18 线的空间位置及投影图

(2)直线 BC 在 H、W 面上的投影分别平行于 OX 轴和 OZ 轴(确定 V 面的两轴),故它为正平线,b'c'反映其实长,BC 的指向为自右上到左下。

(3)直线 CD 在 H 面上的投影积聚为一点,故它为铅垂线。CD 的指向为由上向下。

(4)AB、BC、CD 三条线连接在一起,可看作如图 4-18(a)所示形体上的三条棱线。

识读判断直线的空间位置时,应充分利用下述特征:直线的三面投影中,有一面投影积聚为一点,即为投影面垂直线;有一面投影平行于投影轴,即为投影面平行线;否则,为一般位置直线。

三、平面的投影

在投影图中,平面可用几何元素表示,而用平面图形(如三角形、四边形、圆等)表示最为广泛。**平面图形的投影,一般情况下仍为一个类似的平面图形。** 这是平面投影的特性。

(一)各种位置平面的投影

空间平面按其在三投影面体系中所处的位置分为三种:一般位置平面、投影面垂直面和投影面平行面。后两种又称特殊位置平面。

1. 一般位置平面

对三个投影面均处于倾斜位置的平面称一般位置平面,如图 4-19(a)所示的正三棱锥侧面 SAB。

一般位置平面的投影特征为:**三面投影均为比实形小的类似形**,如图 4-19(b)、(c)所示。

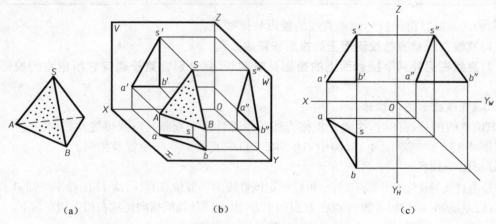

(a)　　　　　　　　　(b)　　　　　　　　　(c)

图 4-19　一般位置平面

2. 投影面垂直面

凡与一个投影面垂直,与另外两个投影面倾斜的平面称投影面垂直面,有三种情况:

正面垂直面(正垂面)——平面垂直于 V 面;

水平面垂直面(铅垂面)——平面垂直于 H 面;

侧面垂直面(侧垂面)——平面垂直于 W 面。

垂直面的投影图、投影特征见表 4-4。

表 4-4　投影面垂直面

	正 垂 面	铅 垂 面	侧 垂 面
体表面上的平面			

续上表

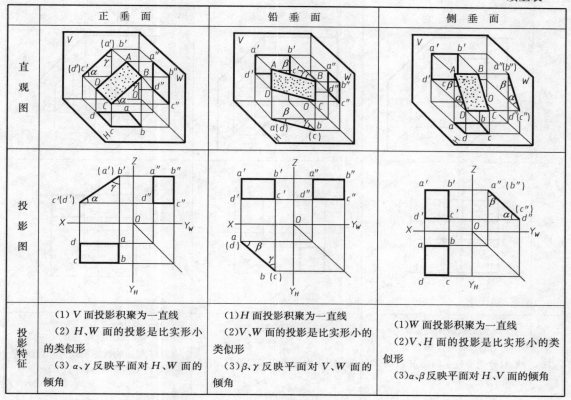

	正 垂 面	铅 垂 面	侧 垂 面
直观图			
投影图			
投影特征	(1) V 面投影积聚为一直线 (2) H、W 面的投影是比实形小的类似形 (3) α、γ 反映平面对 H、W 面的倾角	(1) H 面投影积聚为一直线 (2) V、W 面的投影是比实形小的类似形 (3) β、γ 反映平面对 V、W 面的倾角	(1) W 面投影积聚为一直线 (2) V、H 面的投影是比实形小的类似形 (3) α、β 反映平面对 H、V 面的倾角

投影面垂直面的投影特征为：

(1)在它所垂直的投影面上的投影积聚成一倾斜直线,此线与投影轴的夹角反映该平面对另外两个投影面倾角的真实大小;

(2)另外两个投影为小于实形的类似形。

3. 投影面平行面

平行于一个投影面(与另外两个投影面垂直)的平面称投影面平行面。有三种情况：

正面平行面(正平面)——平面平行于 V 面；

水平面平行面(水平面)——平面平行于 H 面；

侧面平行面(侧平面)——平面平行于 W 面。

投影面平行面的投影图、投影特征见表4-5。

表 4-5 投影面平行面

	正 平 面	水 平 面	侧 平 面
体表面上的平面			

续上表

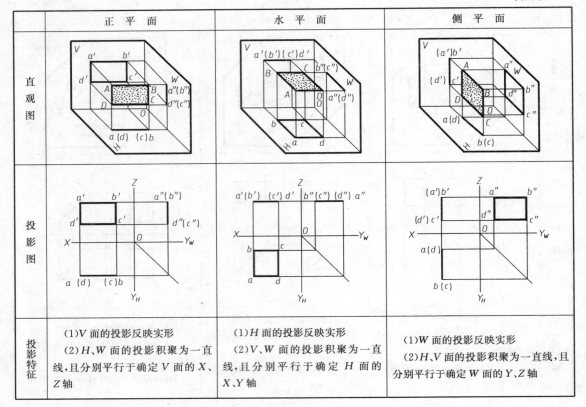

	正 平 面	水 平 面	侧 平 面
直观图			
投影图			
投影特征	(1)V 面的投影反映实形 (2)H、W 面的投影积聚为一直线,且分别平行于确定 V 面的 X、Z 轴	(1)H 面的投影反映实形 (2)V、W 面的投影积聚为一直线,且分别平行于确定 H 面的 X、Y 轴	(1)W 面的投影反映实形 (2)H、V 面的投影积聚为一直线,且分别平行于确定 W 面的 Y、Z 轴

投影面平行面的投影特征为:

(1)在它所平行的投影面上的投影反映实形;

(2)另外的两个投影分别积聚成一直线,且平行于它所平行的投影面上的两轴。

画图时,对于一般位置的平面形,应先画出各角点的投影,然后将其同面投影顺次连接即可;对于投影面垂直面,应先画有积聚性的投影;对于投影面平行面,则应先画反映实形的投影。

(二)平面投影图的识读

平面投影图的识读,实质上是根据投影图判断其空间位置。比较三类平面的投影特性可以看出:如果某平面的一个投影为平面图形,另外两个投影积聚为平行于投影轴的直线,则该平面必为投影面平行面;如果平面的两个投影为类似形,另外一个投影为斜线,则该平面为投影面垂直面;如果三个投影均为类似形,则该平面为一般位置平面。掌握并善于运用平面的投影特征,对提高识读及绘制平面投影图的能力有极重要的意义。

【例 4-4】 判别如图 4-20(a)所示平面的空间位置。

分析:如图所示,因平面图形的 V、H 面投影为类似形,故其对 V、H 面均倾斜,若其侧面投影也是类似形,则该面为一般位置平面,若侧面投影为直线,则该面应为侧垂面。

作图:作图方法如图 4-20(b)所示。

讨论:根据给出的两面投影图,明显地看出,该平面图形中包含着侧垂直 AB(或 EF、CD),故无需求其侧面投影,便知其必为侧垂面,为什么?读者自行分析。

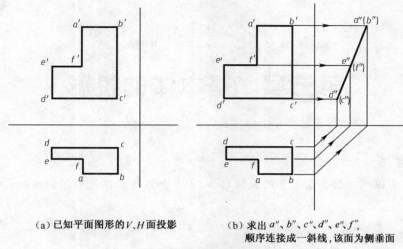

（a）已知平面图形的 *V*、*H* 面投影　　（b）求出 *a″*、*b″*、*c″*、*d″*、*e″*、*f″*，
顺序连接成一斜线，该面为侧垂面

图 4-20　判别平面的空间位置

本 章 小 结

1. 投影的形成：自投影中心沿投影线将空间形体投射到投影面上得到的影称为形体的投影。

2. 投影法分类：中心投影法及平行投影法（正、斜投影法）

3. 形体的三面投影图：将形体向互相垂直的三投影面进行投影，再将其展开后形成三面投影图，规律为"长对正、高平齐、宽相等"。

4. 点及各种位置直线、各种位置平面投影的特征及规律。

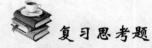

复 习 思 考 题

1. 什么是工程上常用的正投影法；其基本性质是什么？

2. 形体三面投影图的画法及规律是什么？

3. 一般位置直线的投影规律是什么？

4. 在投影图上如何判别一般位置平面、投影面平行面、投影面垂直面、他们的投影特征是什么？

第五章　基本体的投影

本章描述

基本形体是组成一切复杂形体的最简形体,本章介绍基本体投影图的绘制、识读和尺寸标注方法。

拟实现的教学目标

1. 能力目标

能绘制和识读基本形体的投影图,熟悉由空间到平面的思维方式。

2. 知识目标

掌握基本形体的投影,总结归纳他们的投影特征及尺寸标注的方法,研究体表面上点和线的投影。

3. 素质目标

培养空间想像力和动手能力。

任何工程建筑物、机件,无论形状复杂程度如何,都可以看成由一些简单的几何形体组成,这些最简单的有规则的几何体称为**基本体**,如图 5-1 所示。

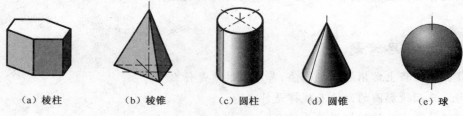

（a）棱柱　　（b）棱锥　　（c）圆柱　　（d）圆锥　　（e）球

图 5-1　常见的基本体

按表面性质不同,基本体可分为平面体和回转体(属曲面体)两大类。平面体的各个表面均为平面,如棱柱、棱锥;回转体的表面为曲面或平面和曲面,如圆柱、圆锥、球。正确分析基本体表面的性质、构型特点,准确地画出投影图,是研究复杂形体的基础。

第一节　平面体的投影

一、棱柱体的投影

棱柱分直棱柱(侧棱与底面垂直)和斜棱柱(侧棱与底面倾斜)。底面为正多边形的直棱柱,称正棱柱。

图 5-2 为正六棱柱的直观图和投影图。该体上下底面是全等的正六边形且为水平面,各侧面是全等的矩形,前后侧面为正平面,左右侧面为铅垂面。

从图 5-2(b)中可以看出,其水平投影为一正六边形,它是上下底面的投影(重影),且反映实形;六边形的各边为六个侧面的积聚投影;六个角点是六条侧棱的积聚投影。

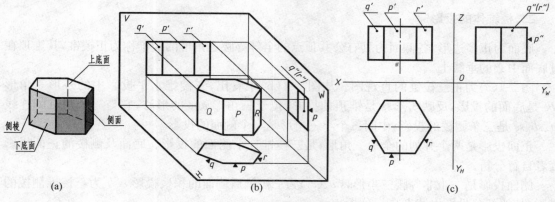

图 5-2　正六棱柱的投影

正面投影是并列的三个矩形线框,中间的线框是棱柱前后侧面的投影(重影),反映实形;左右的线框是其余四个侧面的投影,为类似形;线框上下两条水平线是上下底面的积聚投影;四条竖直线是侧棱的投影,反映实长。

侧面投影是并列的两个矩形线框,它是棱柱左右四个侧面的投影(重影),为类似形;两侧竖直线是棱柱前后侧面的积聚投影;中间的竖直线是侧棱的投影;上下水平线则为底面的积聚投影。图 5-2(c)是正六棱柱的投影图。此时,在三面投影图中可去掉投影轴,但必须认清和保持"长对正、高平齐、宽相等"的"三等"关系。

通过分析可以看出,平面体的投影即为组成立体的各面及棱线投影的总和。

工程形体的形状为棱柱者居多,如图 5-3 所示的四种工程形体(棱柱)的投影图,读者可自行分析。

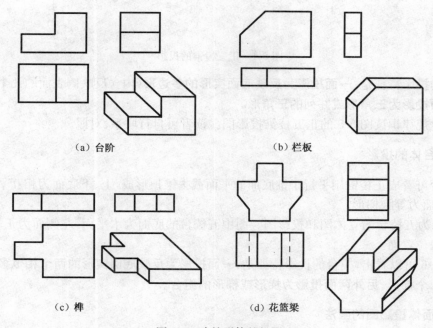

(a) 台阶　　　　　　　　　　　(b) 栏板

(c) 榫　　　　　　　　　　　(d) 花篮梁

图 5-3　建筑形体的投影

研究上述投影图,可以总结出棱柱体的投影特征:**一面投影为反映底面实形的多边形,另外两面投影为矩形或并列的矩形**(由实线组成或实线与虚线组成)。

二、棱锥体的投影

底面为正多边形,各侧面为具有公共顶点的全等等腰三角形的棱锥称为正棱锥,其锥顶在过底面中心的垂线上。

图 5-4(a)为正三棱锥的直观图。从图 5-4(b)中看出,三棱锥水平投影中的外形三角形 abc 是底面的投影,反映实形;s 是锥顶的投影,位于三角形 abc 的形心,它与三个角点的连线 sa、sb、sc 是三条侧棱的投影;中间三个小三角形是三个侧面的投影。

正面投影是两个并列的全等三角形,是三棱锥三个侧面的投影。底面及侧棱的正面投影读者自行分析。

侧面投影是一个非等腰三角形,$s''a''(c'')$ 为三棱锥后侧面的积聚投影,$s''b''$ 为三棱锥侧棱的投影,其他部分投影由读者自行分析。

图 5-4(c)为正三棱锥的投影图。读者可自行画出去掉投影轴的投影图。

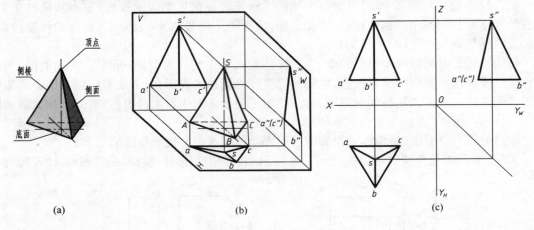

(a)　　　　　　　　　　(b)　　　　　　　　　　(c)

图 5-4　正三棱锥的投影

棱锥的投影特征是:**一面投影为反映底面实形的多边形**(内含反映侧表面的几个三角形),**另外的两面投影为三角形或并列的三角形。**

试用此规律识读图 5-5 的正五棱锥投影图。读者可自行联系、对照。

三、棱台体的投影

正棱台可看成正棱锥用平行于锥底面的平面截去锥顶形成,上、下底面为相互平行的相似多边形,侧面为等腰梯形。

图 5-6 为五棱台的立体图和投影图。图中五棱台的底面为水平面,左侧面为正垂面,其他侧面是一般位置面。

从图 5-6 可以看出,棱台的投影特征是:**一面投影为反映底面实形的两个相似多边形和反映侧面的几个梯形,另外两面投影为梯形或梯形的组合。**

四、平面体投影图的画法

画平面体的投影,就是画出构成平面体的侧面(平面)、侧棱(直线)和角点(点)的投影。

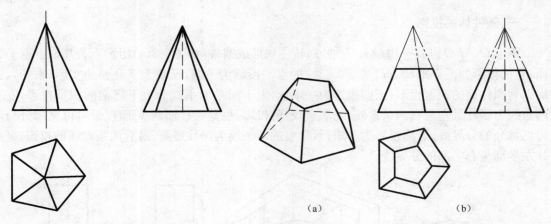

图 5-5 正五棱锥的投影　　　　　　　　图 5-6 五棱台的投影

画平面体投影图的一般步骤如下：

(1)研究平面体的几何特征，决定正面投影方向，通常将体的表面尽量平行投影面；

(2)分析平面体三面投影的特点；

(3)布图(定位)，画出中心线或基准线；

(4)先画出反映形体底面实形的投影，再根据投影关系作出其他投影；

(5)检查、整理加深，标注尺寸(本图未标)。

图 5-7 为已知正六边形外接圆直径 ϕ 及柱高 L，作正六棱柱投影图的作图步骤。

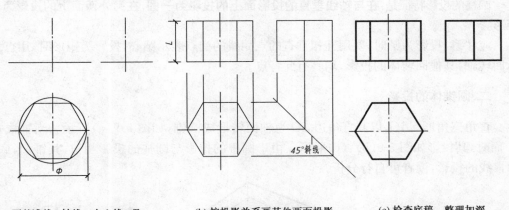

(a) 画基准线（轴线、中心线）及　　(b) 按投影关系画其他两面投影　　(c) 检查底稿、整理加深
　　反映底面实形的水平投影

图 5-7 正六棱柱投影图作图步骤

注意作体的投影图时可去掉投影轴，45°斜角线的位置也可左、右略作移动，不影响形体的正确表达。

第二节　回转体的投影

回转体的曲面可看成一条线围绕轴线回转形成，这条运动着的线称母线，母线运行到任一位置称素线。常见的回转体有圆柱、圆锥、球等。

一、圆柱体的投影

矩形 O_1ABO 以其一边 OO_1 为轴,回转一周形成圆柱,如图 5-8(a)所示。若其轴垂直于 H 面,它的投影如图 5-8(b)、(c)所示。圆柱的水平投影为一圆,反映上下底面的实形(重影),圆周则为圆柱面的积聚投影;正面投影为一矩形,上下两条水平线为上下底面的积聚投影,左右两条线为圆柱最左最右两条素线(轮廓素线)的投影,也是圆柱面对 V 面投影时可见部分与不可见部分的分界线;侧面投影为一矩形,竖直的两条线为圆柱最前、最后两条素线的投影,是圆柱左半部与右半部的分界线。

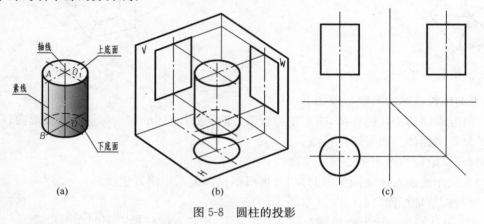

(a)　　　　　　　(b)　　　　　　　(c)

图 5-8　圆柱的投影

圆柱的投影特征是:**在与轴线垂直的投影面上的投影为一圆,在另外两面上的投影为全等的矩形。**

应注意:投影为圆时,要用互相垂直的点划线的交点表示圆心,投影为矩形时,用点划线表示回转轴,其他回转体的投影,均具有此特点。

二、圆锥体的投影

直角三角形 SAO,以其直角边 SO 为轴回转形成圆锥,如图 5-9(a)所示。当轴线垂直于 H 面时,其投影如图 5-9(b)、(c)所示。由于圆锥的投影与圆柱的投影相仿,其锥面、底面、轮廓素线的投影,读者可自行分析。

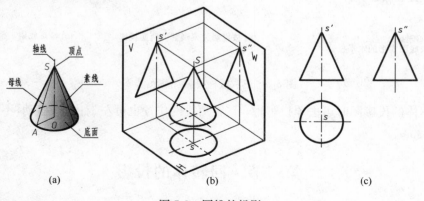

(a)　　　　　　　(b)　　　　　　　(c)

图 5-9　圆锥的投影

圆锥的投影特征是:**在与轴线垂直的投影面上的投影为圆,另外两面上的投影为全等的等**

腰三角形。

三、圆台体的投影

圆锥被垂直于轴线的平面截去锥顶部分,剩余部分称圆台,其上下底面为半径不同的圆面,如图 5-10 所示。

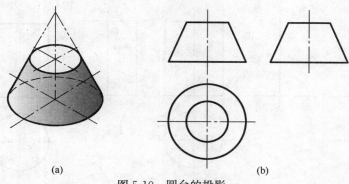

图 5-10　圆台的投影

圆台的投影特征是:与轴线垂直的投影面上的投影为两个同心圆,另外两面的投影为大小相等的等腰梯形。

四、球体的投影

半圆或整圆以其直径为轴回转形成球,如图 5-11(a)所示,球无论向哪一方面进行投影,其轮廓均为圆,如图 5-11(b)所示。水平投影中,圆 a 为可见的上半个球面和不可见的下半个球面的重合投影,此圆周轮廓的正面、侧面投影分别为过球心的水平线段 a'、a'',用点划线表示;正面投影和侧面投影中圆 b' 和 c'',分别表示球面上平行正面、侧面的圆周轮廓的投影,该圆周轮廓的另外两投影以及球面投影的可见性问题,请读者自行分析[可结合图 5-11(c)]。

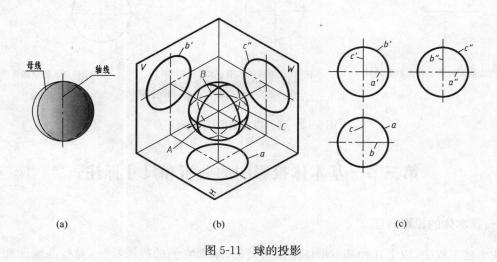

图 5-11　球的投影

球的投影特征是:三面投影为三个大小相等的圆。

五、回转体投影图的画法

回转体投影的作图步骤与平面体相同。图 5-12 和图 5-13 为画圆柱和圆锥投影的作图步骤。

球的三面投影图，也是先画定位中心线，再画三个圆。

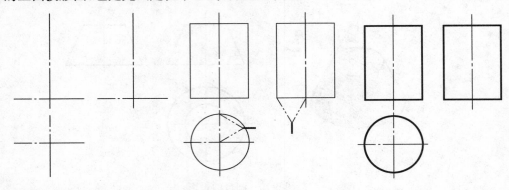

(a) 作底面的定位中心线及回转轴线　　(b) 作底面圆的实形（水平投影）并同时定出侧面矩形宽度；依投影关系及圆柱高度作正面、侧面投影　　(c) 检查、整理加深

图 5-12　圆柱投影图的作图步骤

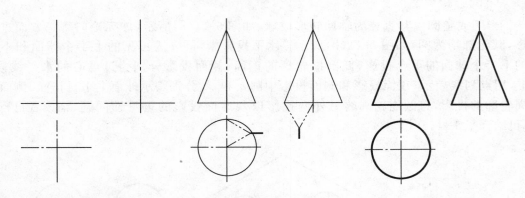

(a) 作底面定位中心线及回转轴线　　(b) 作底面圆的实形（水平投影）并同时定出底圆侧面的投影宽度；依投影关系及圆锥高度作正面、侧面投影　　(c) 检查、整理加深

图 5-13　圆锥投影图的作图步骤

第三节　基本体投影图的分析和尺寸标注

一、基本体的投影特征

在土建工程中，以上几种基本形体是最常见的，掌握它们的投影特征，对提高画图和识图能力有很大帮助。

表 5-1 概括了各类基本体的投影特征及表达这些形体需要画出的投影图。

表 5-1　常见基本体的投影图

名称	三 面 投 影 图	需要画的投影图和应注的尺寸	投 影 特 征
正六棱柱			柱类： (1)反映底面实形的投影为多边形或圆 (2)其他两投影为矩形或几个并列的矩形
三棱柱			
四棱柱			
圆柱			
正三棱锥			
正四棱锥			锥类： (1)反映底面实形的投影为一个划分成若干三角形线框的多边形或圆 (2)其他投影为三角形或几个并列的三角形
圆锥			

名称	三 面 投 影 图	需要画的投影图和应注的尺寸	投 影 特 征
四棱台			台类： (1)反映底面实形的投影如为棱台则是多边形和梯形的组合，如为圆台则是两个同心圆 (2)其他投影为梯形或并列的梯形
圆台			
球			各投影均为圆

进一步分析表 5-1 可以看出：

(1)平面体的三面投影，全是多边形或多边形的组合图形，而回转体的三面投影中至少有一个是圆；

(2)决定直棱柱和圆柱、直棱锥和圆锥(包括棱台和圆台)形状和大小的几何条件是底面和高度。

试分析图 5-14 所示投影图，根据此投影图能否确定其形状，为什么？

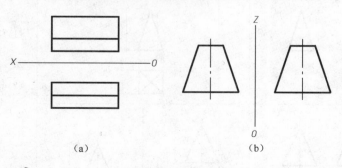

（a）　　　　　　　　　　　　　（b）

图 5-14　判别基本体的形状

对于不完整的基本体，也具备上述投影特征，如图 5-15 所示，请读者自行分析为何类形体。

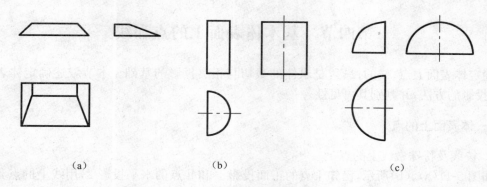

图 5-15　不完整的基本体

二、投影图中图线和闭合线框的几何含义

(1)投影图中的一条图线(实线或虚线)必是下面三种情况之一,如图 5-16 所示。

①两面交线的投影,用符号"V"表示;

②面的积聚投影,用符号"▼"表示;

③回转面轮廓素线的投影,用符号"∽"表示。

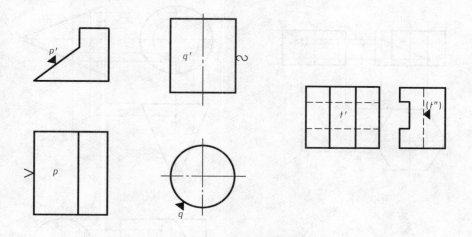

图 5-16　图线及线框的几何含义

(2)投影图中的封闭线框,一般情况下代表形体上的一个面(平面、曲面或两个相切的面)的投影。如图 5-16 所示,矩形线框 p 表示五棱柱上与 H 面倾斜的侧面;矩形线框 q' 表示圆柱体对 V 面可见的前半个柱面;而线框 t' 则表示槽内平行于 V 面的那个侧面。

应当注意,对投影图中的图线及线框的判断,必须根据几个投影图的对应关系而定。

三、基本体的尺寸标注

投影图只能表达立体的形状,而其大小需由尺寸来确定。任何一个形体都有长、宽、高三个方向的尺寸,因此基本体应注出决定其底面形状的尺寸和高度尺寸,如表 5-1 所示。

底面尺寸一般注在反映实形的投影上(回转体的底面直径习惯注在非圆的投影上),高度尺寸应尽量注在反映该尺寸的两投影之间;尺寸要标注齐全、清楚。

第四节　基本体表面上的点和线

　　确定体表面上点、线的投影，是求体的截切与相贯投影的基础。本节叙述确定体表面上点、线投影的方法，并判别其可见性。

一、体表面上的点

　　1. 棱线及特殊素线上的点

　　如图 5-17(a)、(b)所示，已知 Ⅰ 点的正面投影 $1'$ 和 Ⅱ 点的水平投影 2，用线上的点其投影必在线的同面投影上的性质，可直接求得点的另外两个投影。

　　2. 有积聚性的表面上的点

　　如图 5-17(c)、(d)所示，已知 Ⅲ 点的水平投影 3 和 Ⅳ 点的水平投影 4，利用积聚性，分清面的位置，可直接求得点的另外两个投影。

　　3. 一般位置表面上的点（需作辅助线确定点的投影）

　　(1)辅助直线法。如图 5-17(c)所示，已知 A 点的正面投影 a'，过 a' 作辅助线 $s'l'$，求出辅助线的另外两个投影，在其上确定点的投影 a、a''（也可用其他辅助线确定，请读者自行分析）。

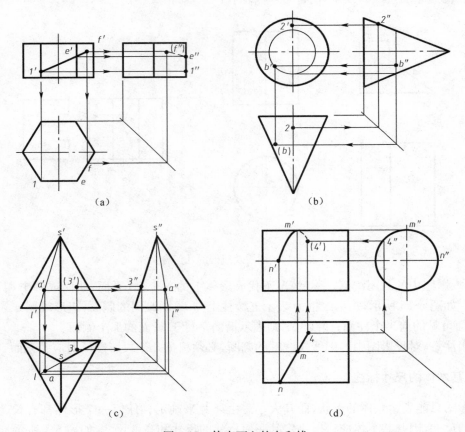

图 5-17　体表面上的点和线

　　(2)辅助圆法。对于回转体表面上的点，可采用辅助圆法（圆锥也可用辅助素线法）求得，如图 5-17(b)所示，已知 B 点的侧面投影 b''，过 b'' 作平行于底圆的辅助圆（投影为平行底面的直线），在辅助圆的投影上可确定点的另外两个投影 b'、b。

二、体表面上的线

确定体表面上线的投影方法与点相同。若为直线，只需确定两端点的投影然后把同面投影相连即可。如图 5-17(a)所示，已知线 Ⅰ EF 的正面投影 $1'e'f'$（由于通过棱，因而为折线），利用前述方法求出 e、f、e''、f''，同面投影连接，并判定可见性；若为曲线，则除确定两端点外，尚需确定适量的中间点及可见与不可见分界点的投影，再行连线。如图 5-17(d)所示，已知曲线 Ⅳ N 的水平投影 4、n，请读者自行分析作图，并判定其可见性。

 **本 章 小 结**

1. 基本体可分为平面体（表面由平面围成）和回转体（表面由曲面或平面与曲面围成），又可分为柱体、锥体、台类体和球体。

2. 柱体的投影规律：三面投影为矩形或矩形的组合。

　　锥体的投影规律：三面投影为三角形（多边形、圆）或三角形的组合。

　　台类体的投影规律：三面投影为梯形（圆）或梯形的组合。

　　球体的投影规律：三面投影均为圆形。

3. 位于体表面棱线或素线上的点其投影可以直接求出；在有积聚性面上的点其投影可先求出有积聚性那个面上的投影，在一般位置面上的点投影需用辅助线（面）法求出。

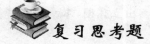 **复 习 思 考 题**

1. 平面体、回转体表面的几何特征是什么？
2. 基本体的投影规律是什么？怎样总结归纳？
3. 如何标注基本体的尺寸？
4. 识读如图 5-18 所示不完整基本体的投影，说明他们各为何种形体？

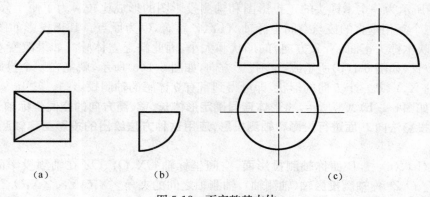

图 5-18　不完整基本体

第六章 轴 测 投 影

本章描述

正投影图虽然能完整准确地表达形体的形状和大小,且作图方便,但它缺乏立体感,所以工程上也采用富有立体感的轴测图作为辅助图样,使之能更便捷直观地了解形体的形状结构,本章介绍轴测图的基本原理和作图方法。

拟实现的教学目标

1. 能力目标
有快速、正确地绘制形体轴测图的能力。

2. 知识目标
了解轴测投影图的形成,掌握形体正等测、斜二测图的画法。

3. 素质目标
生产施工、技术交流中常需要根据形体的投影图徒手迅速地画出立体图,本章着重培养这种工作能力。

第一节 轴测投影图的基本概念

一、轴测投影图的形成

图 6-1 所示为一个木榫头的正投影图和轴测投影图的形成比较。为了便于分析,假想将木榫头上三个互相垂直的棱与空间坐标轴 X、Y、Z 重合,O 为原点。其正投影如图 6-1(a)所示,仅能反映木榫头正面(X、Z 方向)的形状和大小,因此缺乏立体感。如果改变立体对投影面的相对位置,如图 6-1(b)所示或改变投影方向,如图 6-1(c)所示,就能在一个投影中同时反映出立体的 X、Y、Z 三个方向的形状,即可得到富有立体感的轴测投影图。

综上,如图 6-1(b)、(c)所示,**将形体连同确定形体长、宽、高方向的空间坐标轴一起沿 S 方向,用平行投影法向 P 面进行投影称轴测投影,应用这种方法绘出的投影图称轴测投影图,简称轴测图。**

图 6-1(b)、(c)中,P 面称**轴测投影面**,空间坐标轴 OX、OY、OZ 在轴测投影面上的投影 O_1X_1、O_1Y_1、O_1Z_1 称**轴测投影轴**(轴测轴),轴测轴之间的夹角 $\angle X_1O_1Y_1$、$\angle X_1O_1Z_1$、$\angle Y_1O_1Z_1$ 称**轴间角**,平行于空间坐标轴的线段,其轴测投影长度与实际长度之比称**轴向变化率**。

$$\frac{O_1X_1}{OX} = p \quad 称 X 轴的轴向变化率$$

$$\frac{O_1Y_1}{OY} = q \quad 称 Y 轴的轴向变化率$$

$$\frac{O_1Z_1}{OZ}=r \quad 称\ Z\ 轴的轴向变化率$$

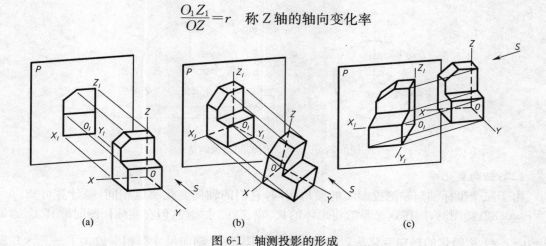

图 6-1　轴测投影的形成

二、轴测图的种类

（1）如图 6-1（b）所示，将形体放斜，使立体上互相垂直的三个棱均与 P 面倾斜，用垂直于 P 面的 S 方向进行投影，称正轴测投影。

（2）如图 6-1（c）所示，选取形体上坐标面如 XOZ 与 P 面平行，用倾斜于 P 面的 S 方向进行投影，称斜轴测投影。

在轴测图中，由于形体与轴测投影面相对位置不同或投影方向与轴测投影面的夹角不同，致使三个轴向变化率不同，可得到不同的轴测图，常用的有正等轴测图和斜二轴测图。

三、轴测投影的特点

由于轴测投影采用的是平行投影法，所以它具有平行投影的基本性质：

（1）形体上相互平行的线段，其轴测投影平行；与空间坐标轴平行的线段，其轴测投影与相应的轴测轴平行——平行性。

（2）形体上平行于坐标轴的线段，其投影的变化率与相应轴测轴的轴向变化率相同，形体上成比例的平行线段，其轴测投影仍成相同比例——定比性。

由此，凡与 OX、OY、OZ 平行的线段，其轴测投影不但与相应的轴测轴平行，且可直接度量尺寸，与坐标轴不平行的线段，则不能直接量取尺寸，"轴测"一词即由此而来，轴测图也可说是沿轴向测量所画出的图。

第二节　正等轴测投影图

形体的三个坐标轴与轴测投影面的倾角相等时，获得的轴测图称为**正等轴测投影图**简称**正等测图**。

一、轴间角及轴向变化率

（一）轴间角

经推证可知，正等测图的轴间角 $\angle X_1O_1Y_1 = \angle X_1O_1Z_1 = \angle Y_1O_1Z_1 = 120°$，$O_1Z_1$ 一般画成竖直方向，如图 6-2 所示，O_1X_1 轴 O_1Y_1 轴可用 30°三角板很方便地作出。

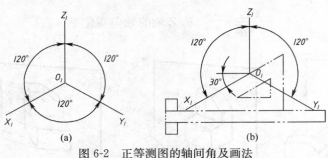

图 6-2　正等测图的轴间角及画法

（二）轴向变化率

由于三个坐标轴与轴测投影面的倾角相同，它们的轴向变化率也相同，经计算可知：$p = q = r \approx 0.82$。画图时，应按这个系数将形体的长、宽、高尺寸缩短，但在实际作图时取其实长，即 $p = q = r = 1$ 称简化的轴向变化率。用此法画出的图，三个轴向尺寸都相应放大了 $\frac{1}{0.82} = 1.22$ 倍，这样作图其形状未变而方法简便。

二、平面体正等测图的画法

画平面体轴测图的基本方法是坐标法，据平面体各角点的坐标或尺寸，沿轴测轴，按简化的轴向变化率，逐点画出，然后依次连接，即得到平面体的轴测图。

（一）棱柱的正等轴测图

四棱柱的正等测图，其作图步骤见表 6-1 所示。

表 6-1　四棱柱正等测图的作图步骤

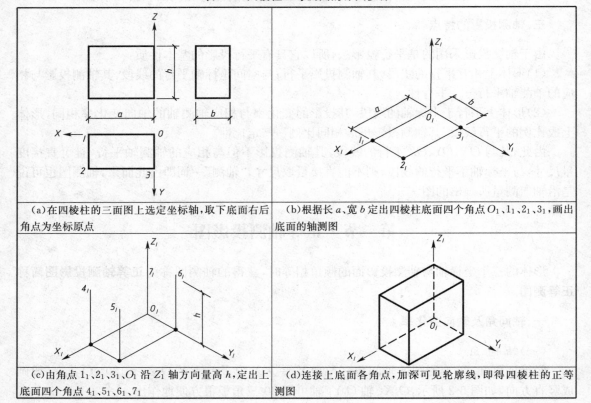

（a）在四棱柱的三面图上选定坐标轴，取下底面右后角点为坐标原点	（b）根据长 a、宽 b 定出四棱柱底面四个角点 O_1、1_1、2_1、3_1，画出底面的轴测图
（c）由角点 1_1、2_1、3_1、O_1 沿 Z_1 轴方向量高 h，定出上底面四个角点 4_1、5_1、6_1、7_1	（d）连接上底面各角点，加深可见轮廓线，即得四棱柱的正等测图

从表 6-1 可知:轴测图上的各角点一般由三条线相交而得,而各个交角是由三个面构成,掌握此特点,对作轴测图是有益的;为了使轴测图更直观,图中虚线一般不画。

（二）棱锥的正等轴测图

五棱锥正等轴测图的作图步骤如表 6-2 所示。

表 6-2　五棱锥正等轴测图的作图步骤

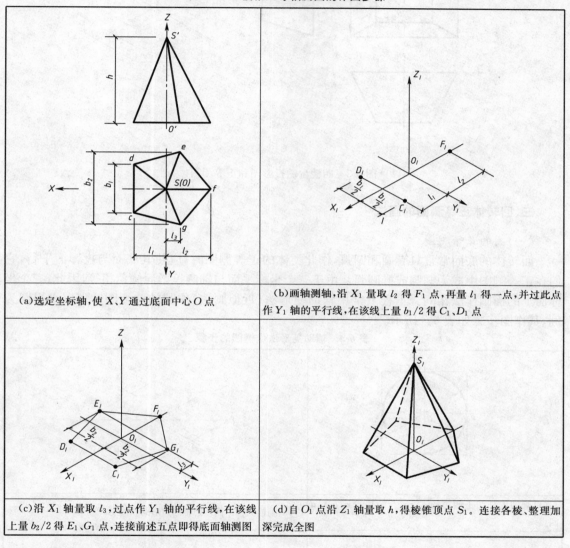

(a)选定坐标轴,使 X、Y 通过底面中心 O 点	(b)画轴测轴,沿 X_1 量取 l_2 得 F_1 点,再量 l_1 得一点,并过此点作 Y_1 轴的平行线,在该线上量 $b_1/2$ 得 C_1、D_1 点
(c)沿 X_1 轴量取 l_3,过点作 Y_1 轴的平行线,在该线上量 $b_2/2$ 得 E_1、G_1 点,连接前述五点即得底面轴测图	(d)自 O_1 点沿 Z_1 轴量取 h,得棱锥顶点 S_1。连接各棱、整理加深完成全图

从此例中可以看出:

1. 位于坐标轴上的点,可沿轴测轴直接量取,如 F_1、S_1 等点;不在坐标轴上的点,应按其坐标定出该点的轴测投影,如 C_1、D_1、E_1、G_1 各点。

2. 平行于坐标轴的线段,其轴测图也可以按实际长度直接量取,如 C_1D_1。

3. 不平行于坐标轴的线段,不能按实际长度直接量取,如 C_1G_1 等线段。

（三）棱台的正等测图

图 6-3 为四棱台的投影图和正等测图。

在图 6-3(b)中,由于棱台底面平行于 V 面,用过 O_1 点的 X_1、Z_1 轴定出后底面四边形的轴测图,再在 O_1Y_1 轴上确定前底面中心 O_2,过 O_2 点用同法定出前底面四边形的轴测图,再将相应的角点相连,整理加深即得侧棱的轴测图。(读者自行描画完整)。

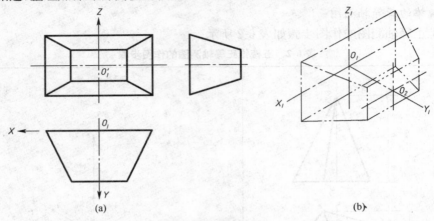

图 6-3　四棱台的投影图和正等测图

三、回转体正等测图的画法

(一)圆的正等测图

回转体的底面常常具有圆和圆弧,作此类体的正等测图时,应使其底面与投影面平行,它们在正等测图中成为椭圆或椭圆弧。由于三个坐标平面与轴测投影面倾角相等,因此,三个坐标面上的椭圆作法相同。工程上常用辅助菱形法(近似画法)作圆的轴测图。现以水平圆为例,其作图步骤如表 6-3 所示。

表 6-3　辅助菱形法作椭圆的步骤

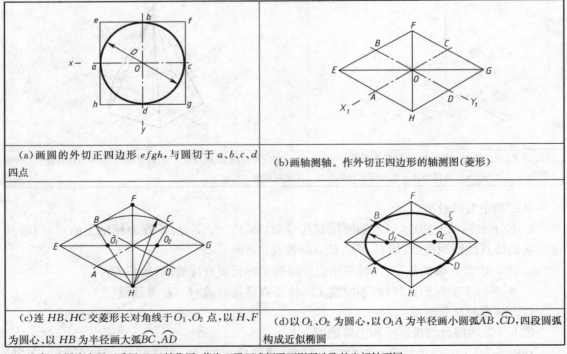

(a)画圆的外切正四边形 efgh,与圆切于 a、b、c、d 四点

(b)画轴测轴。作外切正四边形的轴测图(菱形)

(c)连 HB、HC 交菱形长对角线于 O_1、O_2 点,以 H、F 为圆心,以 HB 为半径画大弧$\overset{\frown}{BC}$、$\overset{\frown}{AD}$

(d)以 O_1、O_2 为圆心,以 O_1A 为半径画小圆弧$\overset{\frown}{AB}$、$\overset{\frown}{CD}$,四段圆弧构成近似椭圆

注意:此圆为水平面采用 X、Y 轴作图,若为正平面或侧平面则所选取的坐标轴不同。

图 6-4 所示为底面平行于三个坐标面圆的正等测图。由图可知：椭圆的长轴在菱形的长对角线上，而短轴在短对角线上。长轴的方向分别垂直于与该坐标面垂直的轴测轴（如平行于 XOY 面内的椭圆，其长轴垂直于 O_1Z_1 轴），而短轴则分别与相应的轴测轴平行。当采用简化的轴向变化率作椭圆时，长轴≈$1.22d$，短轴≈$0.7d$（d 为圆的直径）。

如果形体上的圆不平行于坐标平面，则不能用辅助菱形法作图。

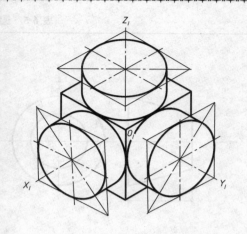

图 6-4　平行于三个坐标面的
圆的正等测图

（二）圆柱的正等测图

由表 6-4(a)可知，圆柱的轴线是铅垂线，上、下底圆是水平面，即圆面位于 XOY 坐标面内，取上底圆心为原点，根据圆柱的直径和高度，完成圆柱的正等测图。作图步骤如表 6-4 所示。

表 6-4　圆柱正等测图作图步骤

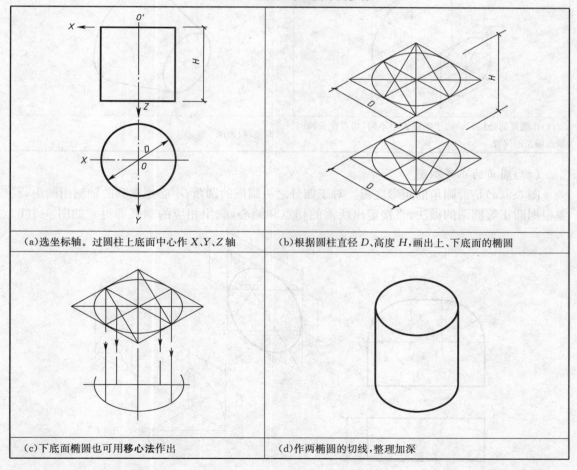

（a）选坐标轴。过圆柱上底面中心作 X、Y、Z 轴	（b）根据圆柱直径 D、高度 H，画出上、下底面的椭圆
（c）下底面椭圆也可用**移心法**作出	（d）作两椭圆的切线，整理加深

（三）圆台的正等测图

表 6-5 所示为圆台正等测图的作图步骤。

表 6-5　圆台正等测图作图步骤

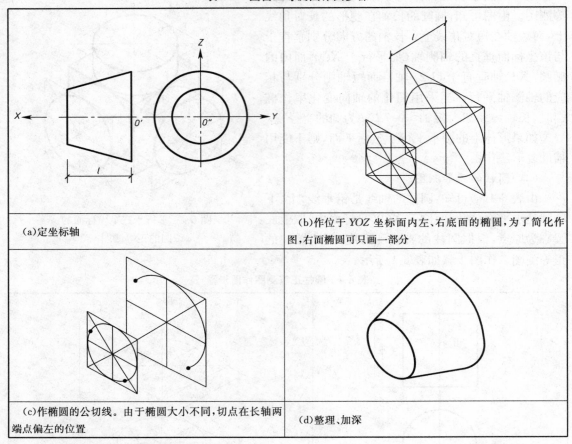

(a)定坐标轴	(b)作位于 YOZ 坐标面内左、右底面的椭圆,为了简化作图,右面椭圆可只画一部分
(c)作椭圆的公切线。由于椭圆大小不同,切点在长轴两端点偏左的位置	(d)整理、加深

(四)圆角的正等测图

图 6-5(a)是带圆角的矩形底板。对于四分之一圆周的圆角,不必把整圆的轴测图画出,只要根据圆正等测图的做法,直接定出所需的切点和圆心,画出相应的圆弧即可。如图 6-5(b)

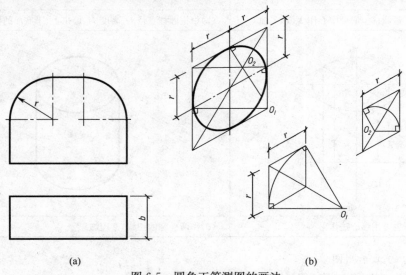

　　　　　(a)　　　　　　　　　　　　　　　(b)

图 6-5　圆角正等测图的画法

所示矩形底板的两圆弧,其轴测图可视为椭圆上大小不同的两段弧,该两弧圆心 O_1、O_2 可自切点作圆弧两切线的垂线相交而得到(为什么,读者可自行分析)。

图 6-6 为带圆角底板正等测图的作法。

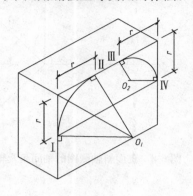

(a)作长方形底板正等测图,
在底板前面定出切点Ⅰ、Ⅱ、
Ⅲ、Ⅳ及圆心 O_1、O_2,作出
圆弧

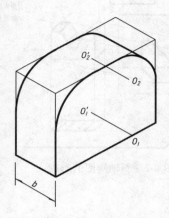

(b)用移心法作出底板后面
圆弧并作出小圆弧公切
线,整理加深

图 6-6 带圆角底板正等测图的画法

综上,正等测图作图方便,易于度量,尤其是柱类形体和两个、三个坐标面上均带有圆形结构者更宜采用。

第三节 斜轴测投影图

不改变形体对投影面的位置,而使投影方向倾斜于投影面,如图 6-7 所示,即得斜轴测投影图,简称斜轴测图。

一、正面斜轴测图

以 V 面或 V 面平行面作为轴测投影面所得到的斜轴测图,称为正面斜轴测图。

(一)轴间角及轴向变化率

由于形体的 XOZ 坐标平面平行于轴测投影面,因而 X、Z 轴的投影 X_1、Z_1 轴互相垂直,且投影长度不变,即轴向变化率 $p=r=1$。又因投影方向可为多种,故 Y 轴的投影方向和变化率也有多种。为了作图简便,常取 Y_1 轴与水平线成 $45°(30°、60°)$,图 6-8 为正面斜轴测图的轴间角和轴向变化率。当 $q=1$ 时,作出的图称正面斜等轴测图(简称斜等测图);若取 $q=1/2$ 时,作出的图称正面斜二轴测图(简称斜二测图)。斜轴测图能反映正面实形,作图简便,直观性较强,因此用得较多。当形体上的某一个面形状复杂或曲线较多时,用该法作图更佳,如图 6-9 所示。房屋给排水工程图的管网系统图也采用此法作图,如图 6-10 所示。

(二)正面斜轴测图的画法

表 6-6 所示为六棱台斜二测图的作图方法步骤。

若柱体(棱柱、圆柱)的端面平行于坐标平面 XOZ,其斜二测图保持原形,作图尤为简便。图 6-11 所示为空心砌块的斜二测图。图中的轴测投影方向为从左下到右上。

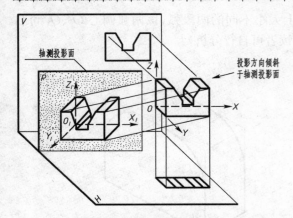

图 6-7　斜轴测图的形成

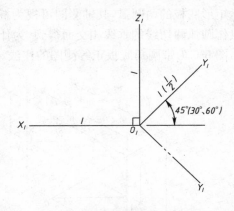

图 6-8　正面斜轴测图的轴间角及轴向变化率

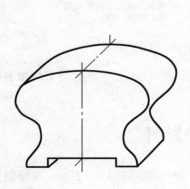

图 6-9　立体的斜二测图

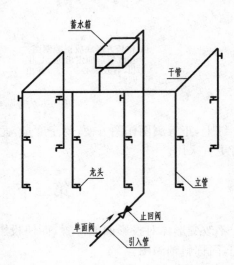

图 6-10　管网系统图（斜等测图）

表 6-6　六棱台斜二测图作图的方法步骤

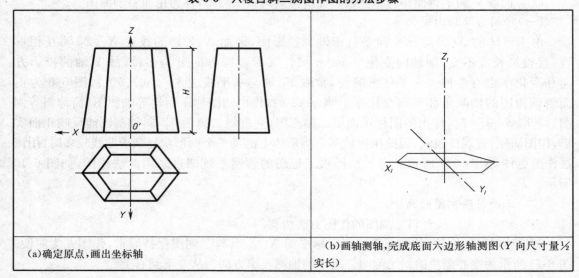

(a)确定原点,画出坐标轴	(b)画轴测轴,完成底面六边形轴测图(Y 向尺寸量½实长)

续上表

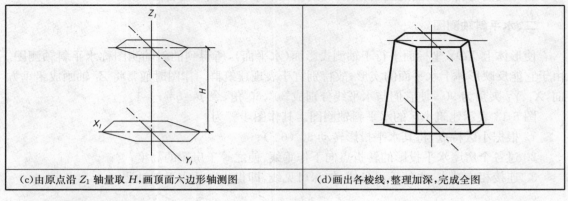

(c)由原点沿 Z_1 轴量取 H ,画顶面六边形轴测图	(d)画出各棱线,整理加深,完成全图

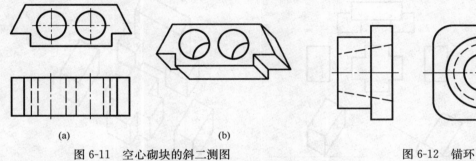

图 6-11 空心砌块的斜二测图   图 6-12 锚环

图 6-12 为锚环的投影图,其圆形端面平行于 YOZ 坐标面,为了便于采用斜二测作图,可转动锚环,使其圆端面平行于 XOZ (实为选择安放位置,后述),然后作图,方法步骤如表 6-7 所示。

表 6-7 锚环斜二测图作图的方法步骤

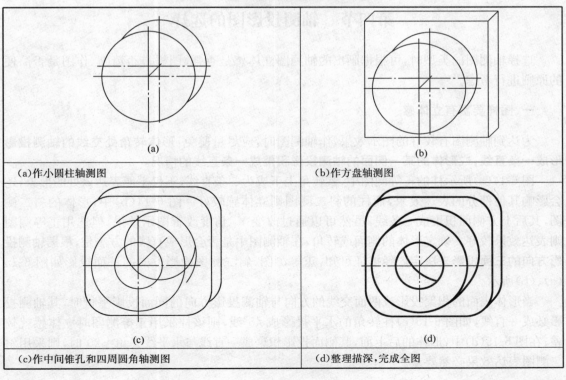

(a)作小圆柱轴测图	(b)作方盘轴测图
(c)作中间锥孔和四周圆角轴测图	(d)整理描深,完成全图

斜等测图与斜二测图的画法相同,区别仅在于 $q=1$。读者可自行试画。

二、水平斜轴测图

使形体上 XOY 坐标面平行于轴测投影面(水平面),所得到的斜轴测图称**水平斜轴测图**。由于它能反映形体上水平面的实形,故特别宜于表现建筑群。作图时通常将 Z_1 轴画成铅垂方向,X_1、Y_1 夹角为 90°,使它们与水平线分别成 30°、60°角,令 $p=q=r=1$。

图 6-13 表示建筑小区的水平斜轴测图。其作图步骤为:

1. 根据小区特点,将其水平投影转动 30°(60°);
2. 过各个房屋水平投影的转折点向下作垂线,使之等于房屋的高度;
3. 连接相应端点,去掉不可见线,加深可见线,即得小区的水平斜轴测图。

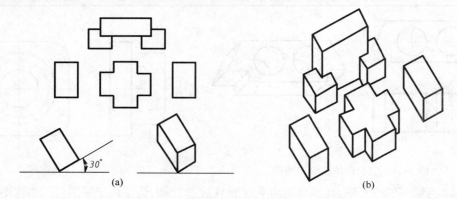

(a)　　　　　　　　　　　　　(b)

图 6-13　建筑小区的水平斜轴测图

第四节　轴测投影图的选择

选择轴测图的类型时,可根据画出的轴测图立体感是否强、图样是否清晰、作图是否简便的原则进行考虑。

一、图样要富有立体感

为达到轴测图有较好的图示效果,作轴测图时,应尽量避免:**形体转角处交线的轴测投影形成一条直线,或形体的某一侧面的轴测投影积聚成一条直线的情况。**

图 6-14(a)所示柱的正等测图中,其转角上下成为一条直线,不仅不能表达该处的形象,还会影响其他部分的表达效果,而柱的斜二测图则立体感较好。图 6-14(b)中,形体的斜二测图,其后上方侧面积聚成一条线,虽然可以通过改变 Y_1 角度改善图示效果,但选用正等测图则表达效果较好。确定形体的侧面或转角,在轴测图中是否会形成直线的方法是,**根据轴测投影方向的三面投影来决定。**经推证可知,正等测图、斜二测图投影方向的三面投影如图 6-15(a)、(b)所示。

当形体表面的积聚投影或两面交线的方向与轴测投影方向的同面投影平行时,其轴测投影必成一直线,如图 6-15(c)柱转角的水平投影成 45°线,则该柱采用正等测图时立体感就较差;在图 6-15(d)中,形体的后上面,其侧面投影积聚成一直线与水平线夹角≈20°时,则采用斜二测图表达效果必然要差。

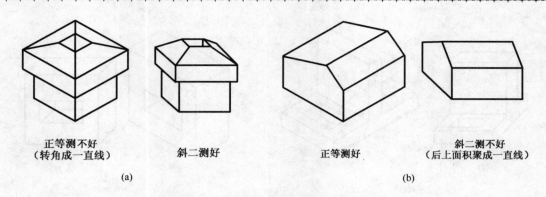

图 6-14　正等测、斜二测图直观效果的比较

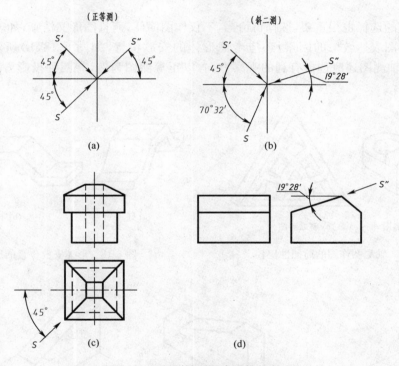

图 6-15　判别轴测图直观性的方法

二、图形要完整清晰

选择轴测图时,还应注意使所画出的图形能充分显示该形体的主要部分(外形、孔洞)的形状和大小,使被遮挡的部分较少,且不影响整体形状的表达,如图 6-16 所示。

三、作图应简便

作图方法是否简便,直接影响绘图的速度和质量。

正等测图接近于视觉,较为悦目,且作图简便,尤其形体的三个坐标面上均有圆(轴测图中为椭圆)时,采用正等测图为宜,若形体某一面的形状复杂或曲线较多时,采用斜二测图较好,如图 6-17 所示。

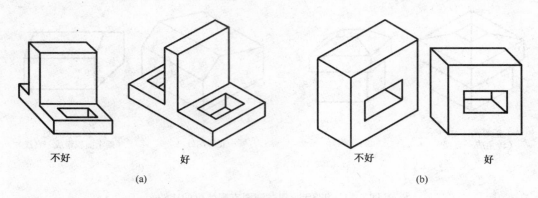

图 6-16　轴测图的清晰性比较

　　坐标原点的选择也很重要,选择得恰当,不仅作图简便,而且图形又清晰,如表 6-2 所示。
　　影响轴测图表达效果的因素,还应考虑形体的安放位置,如图 6-18(b)所示,就不如图 6-18(a)好;作轴测图还应选择有利的观察方向,以正等测图为例,有四种投影方向可供选择,如图 6-19 所示。

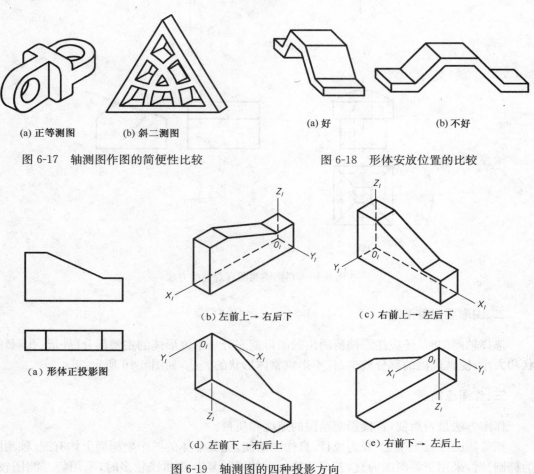

(a) 正等测图　　(b) 斜二测图
图 6-17　轴测图作图的简便性比较

图 6-18　形体安放位置的比较

图 6-19　轴测图的四种投影方向

试分析图 6-20(a)柱基础、图 6-20(b)板梁柱节点的轴测投影方向是如何选择的,为什么?

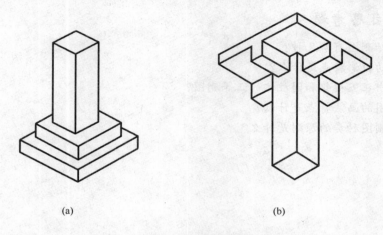

(a)   (b)

图 6-20 形体轴测投影方向的选择

第五节 轴测图的尺寸标注

轴测图的线性尺寸,应标注在各自所在的坐标平面内。尺寸线平行于被注长度,尺寸界线平行于相应的轴测轴,尺寸数字的字头方向平行于尺寸界线,若出现字头向下倾斜时,应将尺寸线断开,在该处水平方向注写数字,轴测图中的起止符号宜用小圆点;轴测图的圆直径尺寸,也应标注在圆所在的坐标面内,尺寸线、尺寸界线分别平行各自的轴测轴,圆弧半径及小圆直径尺寸可引出标注,但尺寸数字应注写在平行于轴测轴的引出线上,如图 6-21 所示(图中尺寸尚未注全)。

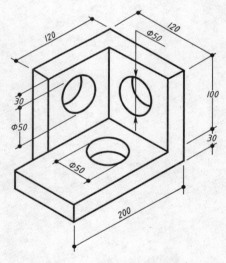

图 6-21 轴测图的尺寸标注

 **本章小结**

1. 轴测图是能在同一投影面上反映形体长、宽、高三个向度富有立体感的直观图,它也具有平行投影的特性。

2. 常用的轴测图有二种:一为正等测图,另一为斜二测图。

3. 轴测图的作图方法多用坐标法,即将形体角点的坐标沿轴测轴或借助平行轴测轴的线段测量出来,再连接而成。

4. 曲面体中带有圆及圆弧的部分,它们在正等测图中表现为椭圆或椭圆弧,可用菱形法作出。

复习思考题

1. 常用的轴测图有哪几种？
2. 轴测图的投影特点是什么？
3. 如何画出正五棱锥和圆柱体的正等测图？
4. 斜二测图的画法特点是什么？
5. 选择轴测图种类的原则是什么？

第七章　组合体的投影

本章描述

介绍组合体的组合形式,组合体投影图的画法和识读方法并说明组合体的尺寸注法和轴测图的画法。

拟实现的教学目标

1. 能力目标

能分析组合体的组成,掌握组合体投影图的绘制和识读方法,为研究复杂的工程形体奠定坚实基础。

2. 知识目标

熟悉形体分析法,能运用形体分析法画出组合体投影图并能快速地识读组合体投影图。

3. 素质目标

培养分析问题解决问题的能力,养成善于分析的习惯,丰富空间想像能力。

第一节　组合体的组合形式及其表面交线的分析

工程建筑物和机械零件,从形体角度均可以看成是由基本体组合而成的。这种由基本体按一定形式组合而成的立体称为组合体。

一、组合形式

组合体按其组合形式可分为叠加式、切割式和综合式三种。

(1)由几个基本形体叠加而形成的体称叠加式组合体,如图 7-1(a)所示水塔是由圆柱和圆台组成的。

(2)从一个基本形体上切割掉若干基本形体,或一个基本形体被平面截切而形成的体称切割式组合体,图 7-1(b)所示压块是由一个四棱柱体被切去三个四棱柱和一个圆柱形成的。

(3)由上述两种形式共同形成的体称综合式组合体,图 7-1(c)所示圆涵管节是由棱柱、圆柱叠加,又被挖去一个圆柱体而形成的。

二、组合体表面交结处分析

组成组合体的各基本体组合在一起,其表面结合成不同情况,分清它们的连接关系,才能避免绘图中出现漏线或多画线的问题。

体表面交结处的关系,可分为平齐、不平齐、相切、相交四种。

(1)平齐:如图 7-2(a)、(b)所示,由三个四棱柱叠加而形成的台阶,左侧面结合处的表面平齐没有交线,在侧面投影中不应画出分界线,图 7-2(c)是错误画法。

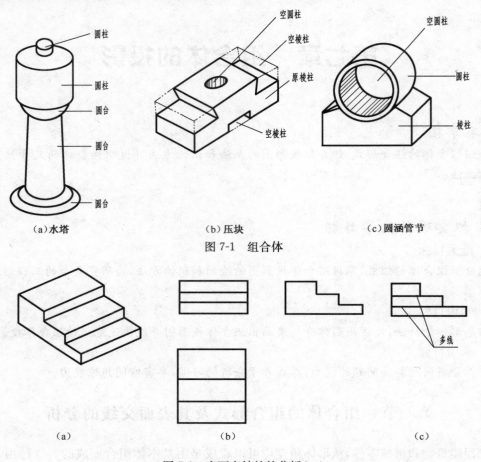

(a)水塔　　　　　　　　(b)压块　　　　　　　　(c)圆涵管节

图 7-1　组合体

图 7-2　表面交结处的分析(一)

(2)不平齐:当形体表面结合成不平齐而形成台阶时,则在投影图中应画出线将它们分开,如图 7-2(b)中的水平投影和正面投影。

(3)相切:当形体表面相切时,在相切处不画线,如图 7-3(a)所示。

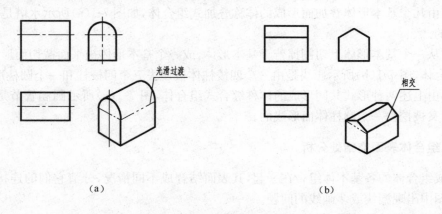

(a)　　　　　　　　　　　　　　　　(b)

图 7-3　表面交结处的分析(二)

(4)相交：当形体表面相交时，相交处必须画出交线，如图 7-3(b)所示。

第二节　组合体投影图的画法

画组合体投影图的基本方法是**形体分析法**。

所谓形体分析法就是：**假想将组合体分解成几个基本体，分析它们的形状、相对位置、组合形式和表面交线，将基本体的投影图按其相互位置进行组合，便得出组合体的投影图。**

现以图 7-4 所示简化的排水管出口为例，分析一般作图步骤。

一、形体分析

该出口可以看成由基础（L 形柱体）、端墙（四棱柱体）、帽石（四棱柱体）和圆管（中空的圆柱体）组成；该体对称于 $Y—Z$ 平面，位于下面的基础顶与中间的端墙底共面且向前错开，顶上的帽石底与端墙顶共面并向前错开，基础顶也是圆管底的切面。

二、选择投影图

1. 考虑安放位置，确定正面投影方向

形体对投影面处于不同位置就得到不同的投影图。一般应使形体自然安放且形态稳定；并将主要面与投影面平行，以便使投影反映实形；正面投影应反映形体的形状特征，并使各投影图中尽量少出现虚线。

图 7-4 中 W 方向反映该体各组成部分的相对位置明显，但考虑到 V 方向表达其形状特征明显，图形对称又便于布图，因此确定 V 方向为正面投影方向。

2. 确定投影图的数量

应在能正确、完整、清楚地表达形体的原则下，使用最少数量的投影图。

虽然基础、圆管、端墙均可用正面、侧面投影即能将其表达清楚，但帽石尚需三面投影才能确定其形状，因而该组合体采用三面投影。分析时，可进行构思或画出各部分投影草图，如图 7-5 所示。

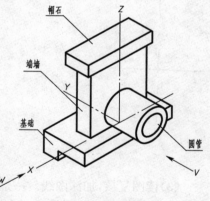

图 7-4　排水管出口

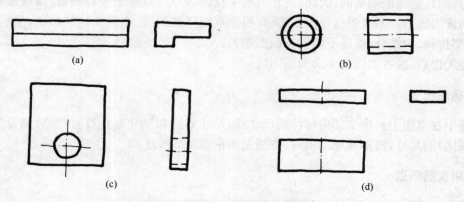

图 7-5　排水管出口各组成部分草图

三、画组合体草图

绘制工程图，一般先画草图。草图不是潦草的图，它是目测形体大小比例徒手绘制的图形。画草图是在用仪器画图之前的构思准备过程，也是工程技术人员进行创作、交流的有力工具，因此掌握草图的绘制技能是工程技术人员不可缺少的基本功。草图上的线条要基本平直，方向正确，长短大致符合比例，线型符合国家标准(参考第二章第二节)。

排水管出口草图的画法步骤如下：

(1)布图。用轻、细的线条在方格纸或普通纸上定出投影图中长、宽、高方向的基准线，如图 7-6(a)所示。

(2)画投影图。将组成出口的四个基本体的投影按顺序画出，每个基本体要先画反映底面实形的投影，如图 7-6(b)所示。必须注意，建筑物或构件形体，实际上是一个不可分割的整体，形体分析仅是一种假想的分析方法，因此画图时要准确反映它们的相互位置并考虑交结处的情况(也可不标注尺寸)。草图是思维想像构思的过程，实际作图时可省去此步。

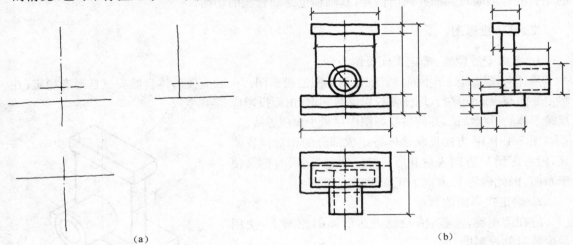

(a)　　　　　　　　　　　　　　　　　　　　　　(b)

图 7-6　排水管出口草图

(3)读图复核，加深图线。一是复核有无错漏和多余线条，用形体分析法检查每个基本体是否表达清楚，相对位置是否正确，交结关系处理是否得当。例如：圆管是位于基础顶面且左右对称，其圆孔是通透端墙的，因此，圆管的水平投影(矩形)对称于中心线，且虚线通透端墙；二是提高读图能力。不对照直观图或实物，根据草图仔细阅读、想像立体的形状，然后再与实物比较，坚持画、读结合，就能不断提高识图能力。

检查无误后，按各类线型要求加深图线。

四、标注尺寸

先徒手在草图上画出全部应标注的尺寸线、尺寸界线和尺寸起止符号，然后测量实物(模型或直观图)的尺寸，按形体顺序填写，方法见本章第三节所述。

五、用仪器画图

草图复核无误后，根据草图用仪器绘制图形，如图 7-7 所示。

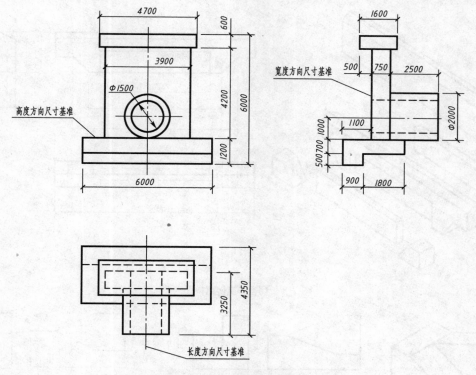

图 7-7　用仪器画图（投影部分）

(1)选择比例和图幅；

(2)布图、确定基准线；

(3)画投影图底稿；

(4)检查并加深图线；

(5)标注尺寸；

(6)填写标题栏。

用仪器画图要求投影关系正确，尺寸标注齐全，布图均匀适中，图面规整清洁，字体、线型符合国家标准。当然，以上作图完全可以用计算机绘图取代。

图 7-8(a)所示为切割式组合体——檩。

檩的原始形状为一个五棱柱，在五棱柱的下部中央，前后各切去一个薄四棱柱体，左右两端下角处，对称地各切去一个梯形四棱柱，图 7-8(b)为其三面投影，读者可自行分析，按上例步骤作图。

当遇到如图 7-9(a)所示不规则的形体时，应采用**线面分析法**画其投影图。

作不规则形体投影图的整体步骤仍参照形体分析法，不再赘述。这种形体因无法将其分解成几个基本体，而必须对组成形体的各个表面进行分析，确定其形状及空间状态，依线面的投影性质及其相互位置，将其一个个组合在一起即为组合体的投影。下面只将"画组合体投影"的具体步骤进行介绍。

图 7-9(a)中箭头方向 V 为正面投影方向，体中 A 为正平面，B 为侧平面，C、D、E 为水平面，F、G 为正垂面，其相对位置及作图步骤如图 7-9(b)、(c)、(d)、(e)所示。

上述两种画组合体投影图的方法，通常是结合起来运用的。

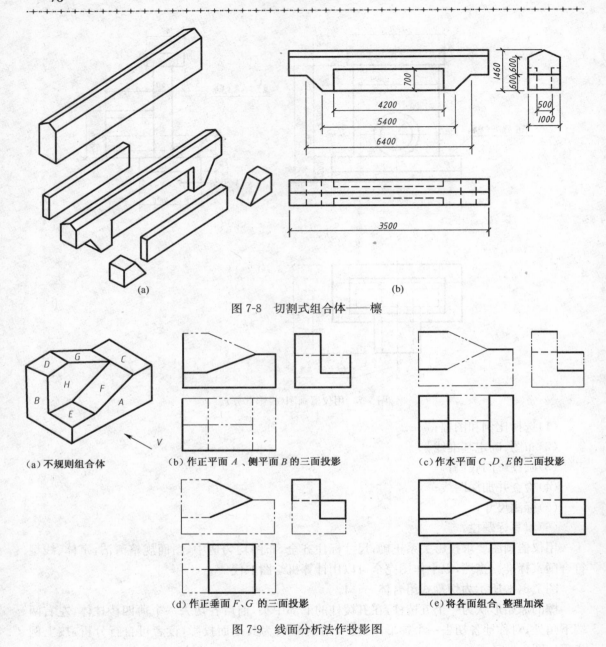

图 7-8　切割式组合体——檩

（a）不规则组合体　　（b）作正平面 A、侧平面 B 的三面投影　　（c）作水平面 C、D、E 的三面投影

（d）作正垂面 F、G 的三面投影　　（e）将各面组合、整理加深

图 7-9　线面分析法作投影图

第三节　组合体的尺寸标注

投影图是表达形体的形状和各部分的相互关系，而有足够的尺寸才能表明形体的实际大小和各组成部分的相对位置。

一、尺寸种类

以形体分析法为基础，注出组合体各组成部分的大小尺寸——**定形尺寸**，各组成部分相对于基准的位置尺寸——**定位尺寸**及组合体的总长、宽、高尺寸——**总体尺寸**。

二、尺寸基准

欲注组合体的定位尺寸必须确定**尺寸基准——即标注尺寸的起点**。组合体需有长、宽、高三个方向的尺寸基准,才能确定各组成部分的左右、前后、上下关系,通常以其底面、端面、对称平面、回转体的轴线和圆的中心线作尺寸基准,如图7-7所示。

三、标注尺寸的顺序(见图7-7)

(1)首先注出定形尺寸如基础长6 000,宽1 800、900,高500、700;端墙长3 900,宽750,高4 200;帽石长4 700,宽1 600,高600;圆管ϕ1 500、ϕ2 000,轴向尺寸为3 250、2 500。

(2)再注定位尺寸如圆管轴线高1 000,基础后端面、帽石后端面定位宽1 100、500,其他组成部分的端面或轴线位于基准线上,则该方向定位尺寸为零,省略不注。

(3)最后注总体尺寸如总长6 000,总宽4 350,总高6 000。

四、注意事项

(1)尺寸标注要求完整、清晰、易读。
(2)各基本体的定形、定位尺寸,宜注在反映该体形状、位置特征的投影上,且尽量集中排列。
(3)尺寸一般注在图形之外和两投影之间,便于读图。
(4)以形体分析为基础,逐个标注各组成部分的定形、定位尺寸,不能遗漏。

第四节　组合体投影图的识读

读图和画图是相反的思维过程。读图就是根据正投影原理,通过对图样的分析,想象出形体的空间形状。因此,要提高读图能力,就必须熟悉各种位置的直线、平面(或曲面)和基本体的投影特征,掌握投影规律及正确的读图方法步骤,并将几个投影联系对照进行分析,而且要通过大量的绘图和读图实践,才能得到。

读图最基本的方法是**形体分析法和线面分析法**。本节分别介绍其要领,但实际读图时,两种方法常常配合起来运用。不管用哪种方法读图,都要先认清给出的是哪几面投影,从形状特征和位置特征(两者往往是统一的)明显的投影入手,联系各投影,想像形体的大概形状和结构,然后由易到难,逐步深入地进行识读。

一、形体分析法

即从形体的概念出发,先大致了解组合体的形状,再将投影图假想分解成几个部分,读出各部分的形状及相对位置,最后综合起来想像出整体形状。如图7-10所示为纪念碑投影图的读图步骤。

图中正面投影较明显地分成三个部分,因而以正面投影为主,联系各投影,首先找出各基本体的底面形状和反映它们相对位置的投影,便能较快地把图读懂。

二、线面分析法

根据线面的投影特征,用分析线、面的形状和相对位置关系,相像形体形状的方法。

在基本体投影的分析中,已叙述了图线及线框的含义,采用此法读图时,先从明显的实线线框组成的投影图入手,按一定顺序确定一个个线框,并找出其相对应的投影(类似形或线段),判断其形状、位置及与相邻表面的关系,将体上各面、棱线识读清楚,整个形体也就想像出来了。

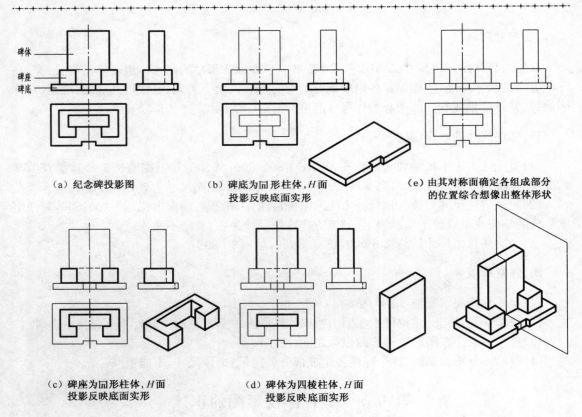

（a）纪念碑投影图

（b）碑底为凹形柱体，H 面
投影反映底面实形

（e）由其对称面确定各组成部分
的位置综合想像出整体形状

（c）碑座为凹形柱体，H 面
投影反映底面实形

（d）碑体为四棱柱体，H 面
投影反映底面实形

图 7-10　形体分析法识读纪念碑投影图

试读图 7-11 所示建筑形体的投影图。

首先选择平面图将其分成六个线框进行识读。与线框 1、2、3 对应的正面、侧面图中均积聚为一段水平线，说明它们是水平面，I、II 居于左、右最高位，III 位于中间位置；与线框 4 对应的正面图为梯形，而侧面图为一段斜线，说明线框 4 为一侧垂面，其上侧与 III 相连，下侧伸至底面；线框 5、6 正面图均为斜线，侧面图为三角形，它们是正垂面且分别居于 IV 面的左右两侧。读者还可自行分析线框 a' 和 b''，将建筑形体的各个表面的形状、位置、相互关系识读清楚，综合起来即可想像出其形状，如图 7-12 所示。

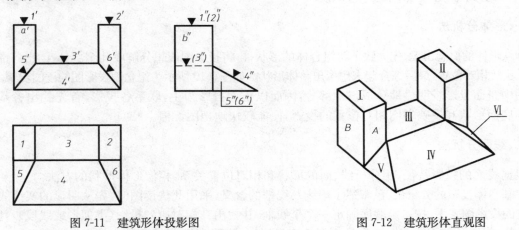

图 7-11　建筑形体投影图　　　　　　　　　　　图 7-12　建筑形体直观图

第五节　　组合体轴测图的画法

　　一般组合体均可看成由基本体叠加、挖切而成,因此画组合体轴测图时也可用**叠加**和**挖切**的方法来实现,但它们都以坐标法为基础。

　　叠加是将组合体分成几个基本体,按其相互位置关系逐个作其轴测图,使之叠加,即得组合体轴测图。

　　图 7-13(a)为挡土墙的投影图,图 7-13(b)、(c)为其正等测图的叠加画法,再整理加深,完成全图。

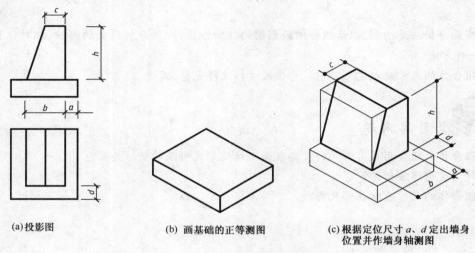

(a)投影图　　　　　　　(b) 画基础的正等测图　　　　　　(c) 根据定位尺寸 a、d 定出墙身
　　　　　　　　　　　　　　　　　　　　　　　　　　　　位置并作墙身轴测图

图 7-13　挡土墙(叠加法)

　　由于轴测图中一般不画虚线,为了减少图线重叠,上图中可先画墙身,后画基础的可见部分。

　　挖切法是将组合体视为某个完整的基本体,再将切角、孔槽等挖去得到所需的形体。

　　图 7-14 所示榫头,可看成将四棱柱左端的前、后均切掉一小四棱柱,再在其右各切掉一小三棱柱而成。具体作图读者可自行分析。

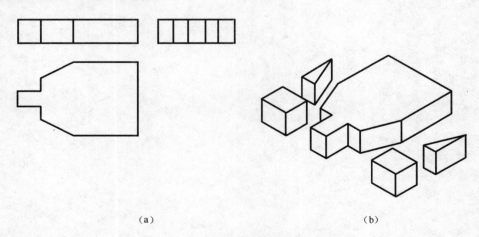

(a)　　　　　　　　　　　　　　　　　(b)

图 7-14　榫头(挖切法)

本 章 小 结

1. 组合体的组合形式有叠加式、切割式和综合式三种。

2. 用形体分析法画组合体投影图的方法是：假想将组合体分解成几个基本体，分析它们的形状、组合形式和表面交线的情况，将各基本体的投影按其相对位置进行组合，即可得到组合体的投影图。

3. 读图和画图是相反的思维过程，识读组合体的投影图也是应用形体分析法，将投影图分解成几个部分，将各部分的形状，位置弄清，再把各个基本形体进行组合，即可想像出组合体整体形状。

4. 线面分析法是绘制、识读组合体投影图的辅助方法，即用分析线面的形状、相对位置进行组合的一种方法。

5. 组合体的尺寸应把定形、定位、总体尺寸标注得完整、正确。

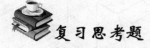
复 习 思 考 题

1. 组合体的组合形式有哪几种？其表面交结处形成哪几种交结关系？

2. 什么是形体分析法？

3. 组合体的尺寸应标注哪几类？

第八章 截切体与相贯体的投影

本章描述

工程形体比较复杂往往有截切与相贯构形,本章综合运用学过的点、线、面、体的知识,解决截切体与相贯体投影图的画法及读法。

拟实现的教学目标

1. 能力目标

培养对知识的综合运用能力及自学能力,为后续知识的学习打下基础。

2. 知识目标

了解截交线与相贯线的几何含义,能分析并作出相贯体、截切体(切口体)的投影图。

3. 素质目标

进一步培养分析问题、解决问题的能力,锻炼耐心细微的工作作风。

第一节 截切体(切口体)的投影

工程建筑物的形体往往是由基本体被平面截切(截切体)或由基本体相互贯穿(相贯体)形成的,它们的表面出现许多交线,如图 8-1 所示。作截切体与相贯体的投影,除了需要作出基本体的投影外,主要是作出它们表面交线的投影。

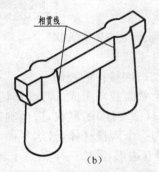
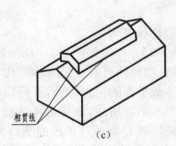

图 8-1 立体的截交线与相贯线

如图 8-2(a)所示,截断立体的平面称**截平面**;截平面与立体表面的交线称**截交线**;截交线所围成的图形称**断(截)面**;立体被平面截断后的部分称**截切体**。

由于立体形状不同,截切平面的位置不同,截交线的形式也不相同,但它们都具有如下性质:截交线是截平面与立体表面的共有线,且是闭合的平面图形(平面曲线、平面折线或两者的组合)。

求截交线可以归结为求立体表面与截平面共有点的问题。

一、平面截切体

平面立体的表面是由若干个平面图形组成的,被平面截切后产生的截交线是一个**封闭的平面多边形**。求平面截切体的截交线,只需求出该多边形的角点,并依次连接这些点即可。

(一)棱锥截切体

【例 8-1】 求作图 8-2(a)所示棱锥截切体的投影。

分析:

(1)该截切体可看成正六棱锥,被正垂面 P 截切得到。其截交线为六边形,六个角点分别是六条侧棱与截平面的交点;

(2)由于截平面 P 与 V 面垂直,故截平面及截交线的正面投影有积聚性,侧棱的正面投影与截平面正面投影的交点即为六边形(截交线)角点的正面投影;

(3)求六边形截交线,即转化为已知立体侧棱上点的一面投影,求另外两面投影的问题。

作图:如图 8-2(b)所示。

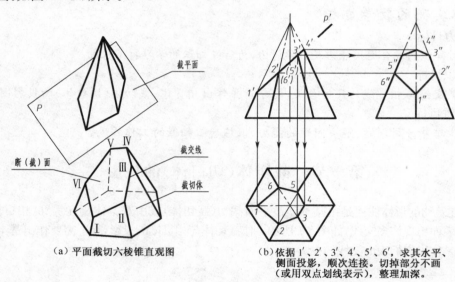

(a) 平面截切六棱锥直观图　　(b)依据 $1'$、$2'$、$3'$、$4'$、$5'$、$6'$,求其水平、侧面投影,顺次连接。切掉部分不画(或用双点划线表示),整理加深。

图 8-2　六棱锥截切体

(二)棱柱截切体

【例 8-2】 作出如图 8-3(a)所示切口四棱柱的投影。

分析:切口体可看成是立体被几个平面截切而成,因此,作切口体的投影,首先应分析形成切口的各截平面的位置,然后分析切口(截交线)的形状,进而确定作图方法。

如图 8-3(a)所示,该切口体可视为一个四棱柱体,被水平面 Q 和正垂面 P 截切而形成。

四棱柱被 Q 面截切形成的断面为五边形,其中三个角点 Ⅰ、Ⅱ、Ⅴ 分别是 Q 面与三条侧棱的交点,另外两个角点 Ⅲ、Ⅳ 位于两个侧面上;该五边形的正面、侧面投影为一水平线,水平投影是反映实形的五边形。

四棱柱被 P 面截切形成四边形断面,其中两个角点 Ⅲ、Ⅳ 在侧面上与五边形两角点共用,另外两角点 Ⅵ、Ⅶ 是截面 P 与顶面两边线的交点,该四边形的正面投影有积聚性,水平、侧面投影为类似形。

作图:如图 8-3(b)、(c)所示。

应当注意的是,**选择切口体正面投影的方向,应使截切平面尽量垂直于 V 面为原则。**

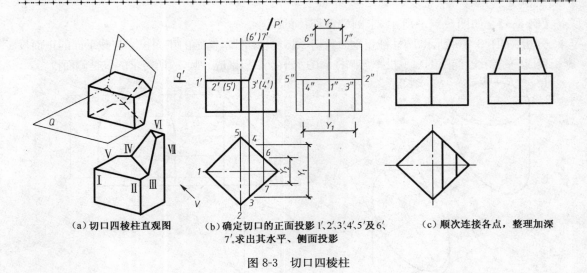

（a）切口四棱柱直观图　　　（b）确定切口的正面投影1′、2′、3′、4′、5′及6′、7′,求出其水平、侧面投影　　　（c）顺次连接各点，整理加深

图 8-3　切口四棱柱

二、回转面截切体

回转体的表面由回转面或回转面及平面组成,其截交线一般为**封闭的平面曲线或曲线和直线围成的平面图形**。截交线上任一点均可看作回转面上的某条素线与截平面的交点,因此,求回转体的截交线就是在回转体上选择适当数量的素线,求出它们与截平面的交点,依次光滑连接即可。

（一）圆柱截切体

平面截切圆柱时,其截交线有三种情况,如表 8-1 所示。

表 8-1　平面截切圆柱的三种情况

截平面位置	与轴线平行	与轴线垂直	与轴线倾斜
截交线形状	矩形（直线）	圆	椭　圆
轴测图			
投影图			

【例 8-3】　如图 8-4(a)所示,求圆柱截切体的投影。

分析:如图 8-4(a)所示,圆柱被正垂面截切,截交线为椭圆,椭圆的正面投影与截平面的正面投影积聚成一条斜线,椭圆的水平投影与圆柱面的水平投影积聚成一圆,故所需求的仅是侧面投影。

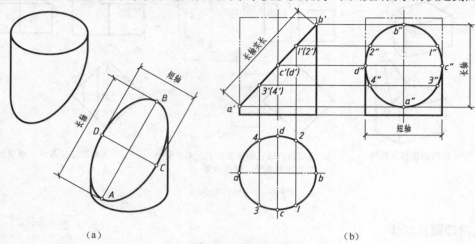

(a)　　　　　　　　　　　　　　　(b)

图 8-4　圆柱截切体

作图方法如图 8-4(b)所示:

(1)确定截交线上特殊位置的点。在椭圆截交线上确定最低点 A、最高点 B(左右两素线与截平面的交点),最前点 C、最后点 D(前后两素线与截平面的交点)。由于它们的正面投影 a′、b′、c′、d′ 和水平投影 a、b、c、d 已知,因此,侧面投影 a″、b″、c″、d″可直接求出。

(2)求中间点。任选Ⅰ、Ⅱ、Ⅲ、Ⅳ几个一般位置的点,根据 1′、2′、3′、4′ 和 1、2、3、4 可求出 1″、2″、3″、4″。

(3)将求出的各点顺次连接成光滑的曲线,即得截交线的侧面投影。

应当指出,侧面投影——椭圆也可根据长、短轴用四心圆法作出,若用该法时,其关键在于确定长、短轴的位置,如图 8-4(a)所示,长轴是最高点 B、最低点 A 的连线,短轴是 C、D 两点的连线。

(4)整理加深。

【例 8-4】　完成如图 8-5(a)所示圆柱切口体的投影。

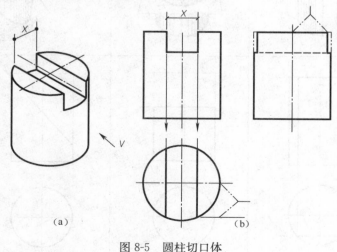

(a)　　　　　　　　　(b)

图 8-5　圆柱切口体

　　分析:如图 8-5(a)所示,圆柱切口体可看成圆柱被三个截平面截切形成,由两个侧平面截切形成的截交线为矩形,它们的侧面投影反映实形,且两个矩形重影,矩形的底边被未切部分挡住,它们的正面投影和水平投影都积聚成一直线段;由一个水平面截切形成的截交线为圆的一部分,其水平投影反映实形,正面、侧面投影积聚成直线段。

　　作图:作图方法如图 8-5(b)所示。

　　(二)圆锥截切体

　　由于截平面与圆锥轴线的相对位置不同,其截交线有五种不同的形状,如表 8-2 所示。

表 8-2　平面截切圆锥的五种情况

截平面位置	过　锥　顶	与轴线垂直	与轴线倾斜	与一条素线平行	与轴线(或两条素线)平行
截交线形状	三角形(直线)	圆	椭　圆	抛物线	双曲线
轴测图	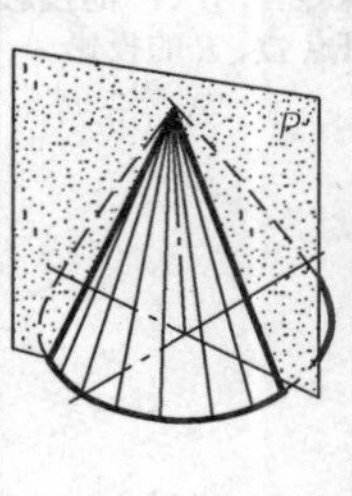	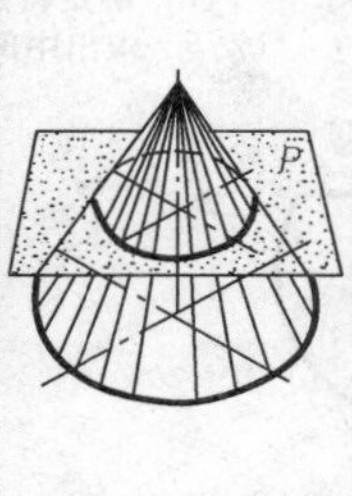	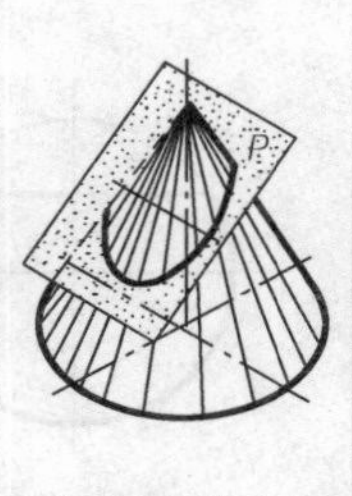	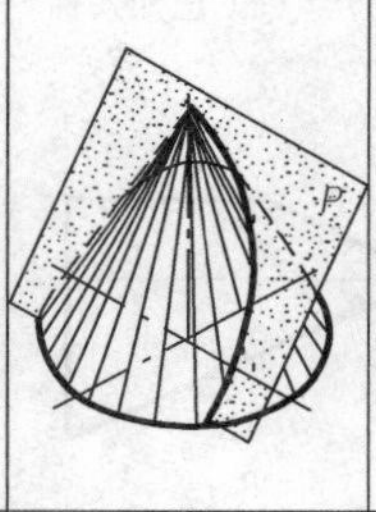	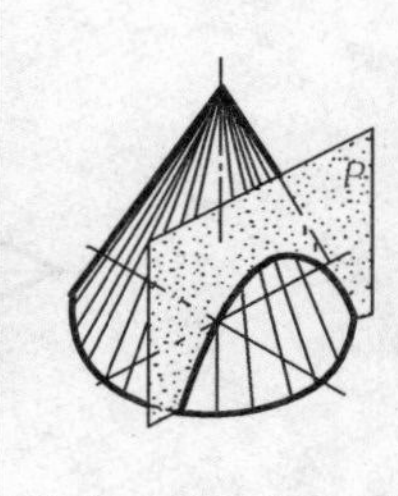
投影图	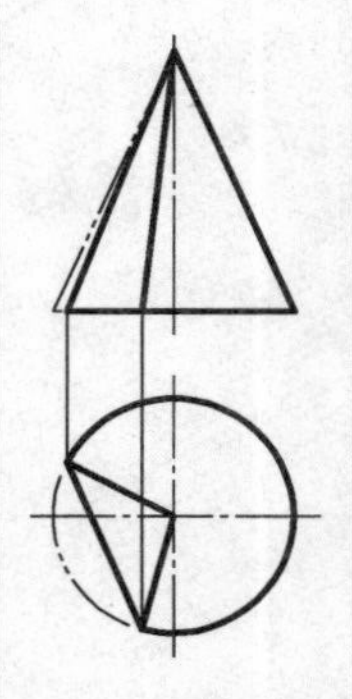	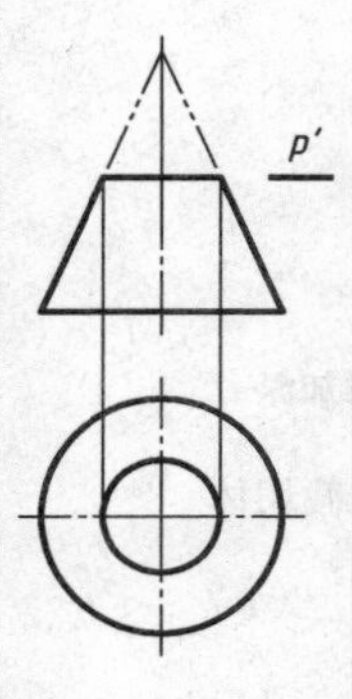	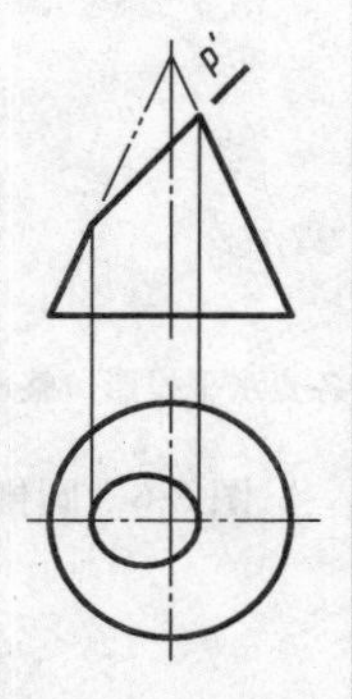	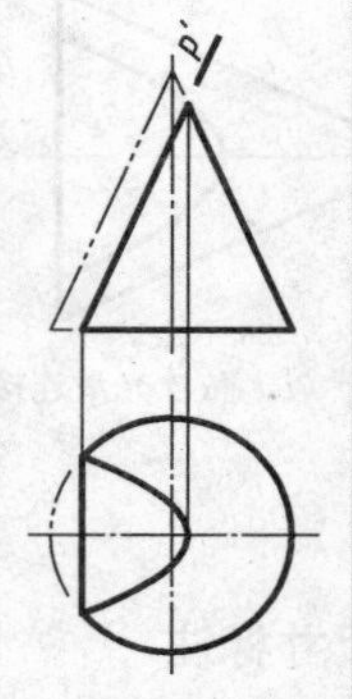	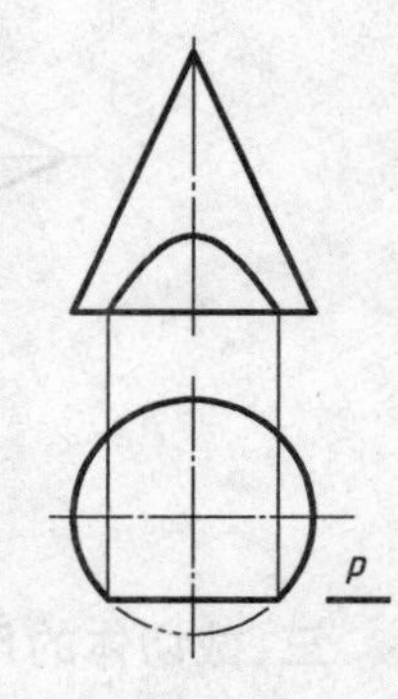

　　当圆锥截交线为直线或圆时,其投影可直接作出,若截交线为椭圆、抛物线、双曲线时,必须用定点法才能求得其投影。

　　【例 8-5】　求作如图 8-6(a)所示圆锥截切体的投影。

　　分析:由于圆锥体被平行圆锥轴线的水平面 T 截切,所以截交线为一双曲线。该双曲线的正面、侧面投影均积聚成一段水平线,可直接获得,因此,只需求出双曲线的水平投影即可。

　　作图:作图步骤如图 8-6(b)、(c)所示。

　　(三)球截切体

　　平面截切球体其截交线的实形永远是圆,截平面距球心越近截得的圆就越大。截平面与投影面平行时,截交线在该面上的投影反映图的实形,如图 8-7(a)中的水平投影;截平面与投影面垂直时,截交线在该面上的投影积聚为一直线段,其长度等于截切圆的直径,如图 8-7(a)、(b)中的正面投影;截平面与投影面倾斜时,截交线在该面上的投影为一椭圆,如图 8-7(b)中的水平投影。

　　其作图方法读者可自行分析。

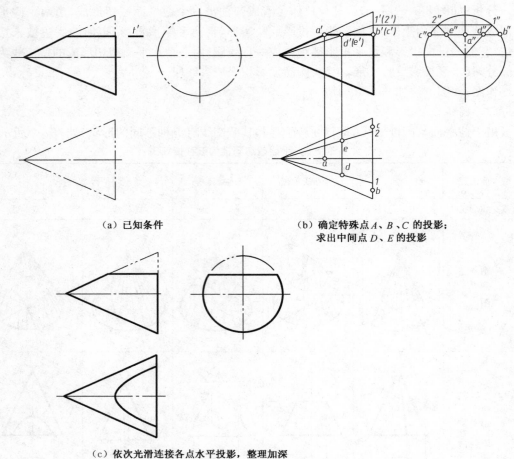

（a）已知条件

（b）确定特殊点 A、B、C 的投影；
求出中间点 D、E 的投影

（c）依次光滑连接各点水平投影，整理加深

图 8-6　圆锥截切体

三、截切体的尺寸标注

截切体除了注出基本体的尺寸外，还应注出切口尺寸，即形成切口截平面的定位尺寸，如图 8-8(a)、(b)、(c)所示。

必须指出：截平面的位置决定了截交线的性质和断（截）面的形状、大小，截交线（截断面）的大小尺寸一般不予标注（图中带×的尺寸）。

四、截切体轴测图的画法

画截切体的轴测图时，一般先画出基本体的轴测图，再确定切口的轴测图。

图 8-9 为一切口四棱柱的三面投影图。表 8-3 为该四棱柱斜二测图的画法。

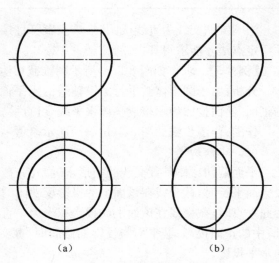

（a）　　　　　　（b）

图 8-7　球体截交线的分析

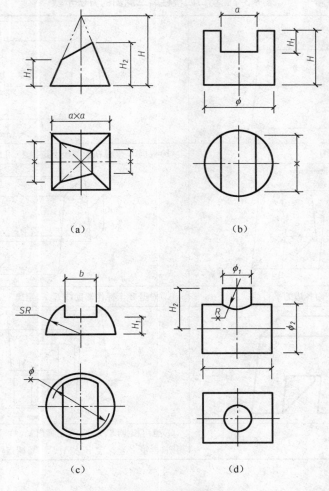

（a）　　　　　　　　　　（b）

（c）　　　　　　　　　　（d）

图 8-8　截切体及相贯体的尺寸标注

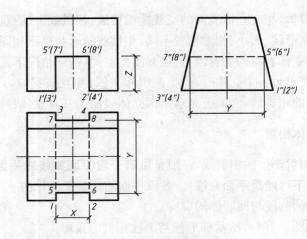

图 8-9　切口四棱柱

表 8-3   画切口四棱柱斜二测图的方法步骤

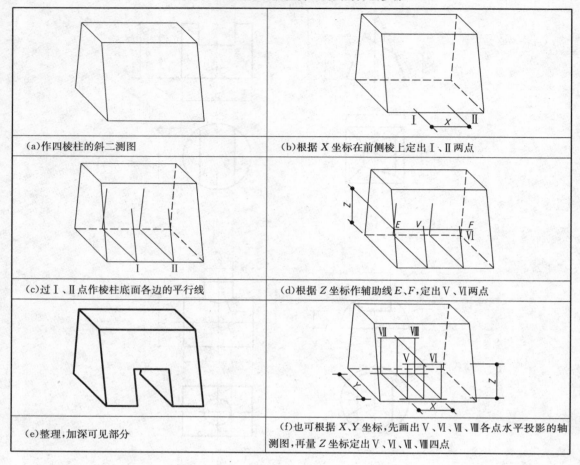

(a)作四棱柱的斜二测图	(b)根据 X 坐标在前侧棱上定出Ⅰ、Ⅱ两点
(c)过Ⅰ、Ⅱ点作棱柱底面各边的平行线	(d)根据 Z 坐标作辅助线 E、F,定出 Ⅴ、Ⅵ两点
(e)整理,加深可见部分	(f)也可根据 X、Y 坐标,先画出Ⅴ、Ⅵ、Ⅶ、Ⅷ各点水平投影的轴测图,再量 Z 坐标定出Ⅴ、Ⅵ、Ⅶ、Ⅷ四点

第二节   相贯体的投影

相交的立体称**相贯体**,相交立体表面的交线称**相贯线**,相贯线上的点称**相贯点**。

由于相贯体的几何形状、大小、相对位置不同,相贯线的形状也不相同,但它们都具有如下性质:相贯线是相交两立体表面的共有线,且是封闭的空间(特殊情况下是平面)折线或曲线。

当一个立体全部贯出另一个立体时,产生两组相贯线;相互贯穿时,产生一组相贯线。根据其性质可知,求立体的相贯线,实质上是求出两立体表面的共有点(线)的问题。

一、平面体与回转体相贯

平面体与回转体相贯产生的相贯线,一般是**由若干段平面曲线或平面曲线和直线组成的空间曲折线(特殊情况下可能是平面曲线)**。各段平面曲线是平面体的一个表面与回转体的截交线,各折点是平面体的侧棱与回转体的贯穿点。

【例 8-6】   求作如图 8-10(a)所示梯形柱与圆柱相贯的投影。

分析:如图 8-10(a)所示,梯形柱与圆柱垂直相贯,相贯线有左、右两组,每组都可看成由四个平面截切圆柱所产生的截交线组合而成。因圆柱的 H 面、棱柱的 W 面投影各有积聚性,相贯线的该两面投影视为已知,所以仅需求出正面投影即可。由于相贯线前后对称,则其正面投影后半部与前半部重影,其中棱柱上、下面与圆柱的截交线(两段圆弧)投影为两段水平线,而棱柱前、后面与圆柱的交线(两段椭圆曲线)投影为两段曲线,折点是棱柱棱线与圆柱的交点。

作图:作图步骤如图 8-10(b)(以左边的相贯线为例)所示。

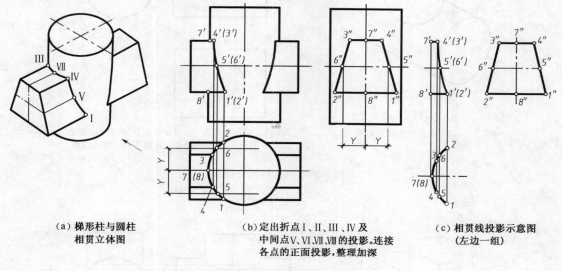

(a) 梯形柱与圆柱　　　　(b) 定出折点Ⅰ、Ⅱ、Ⅲ、Ⅳ及　　　　(c) 相贯线投影示意图
相贯立体图　　　　　　　　中间点Ⅴ、Ⅵ、Ⅶ、Ⅷ的投影。连接　　　　　(左边一组)
　　　　　　　　　　　　各点的正面投影,整理加深

图 8-10　梯形柱与圆柱相贯

二、两回转体相贯

两回转体相贯,其相贯线一般是**封闭的空间曲线,特殊情况下为封闭的平面曲线**。若两立体表面的投影都有积聚性,其相贯线可利用积聚性直接求得;否则需用辅助截面法(或辅助线法)求得,无论用哪种方法求相贯线,都必须先求出相贯线上的特殊点(即相贯线上最高、最低、最左、最右、最前、最后以及可见与不可见的分界点等),以确定相贯线的范围和弯曲趋势;其次在特殊点间适当位置选一些中间点,使相贯线具有一定的准确性。最后判别其可见性,并将点依次光滑地连接即可。

(一)两圆柱体相贯

【例 8-7】　求如图 8-11(a)所示正交两圆柱相贯的投影。

分析:如图 8-11(a)所示,由于小圆柱全部贯入大圆柱中没有穿出,因而仅有一组相贯线。大、小圆柱体分别垂直于 W 面、H 面,因而相贯线的水平投影与小圆柱面的水平投影完全重合,侧面投影与大圆柱侧面投影的一部分(圆与矩形相交的范围)重合,因此只需求出相贯线的正面投影即可。又由于两圆柱前后对称,故相贯线前、后半部的正面投影重影。

作图:作图步骤如图 8-11(b)所示。

本例也可利用辅助截面法求出相贯线。

所谓辅助截面法,即用一个截平面,同时截切相贯的两个形体,得出两组截交线,两个截交线的交点就是相贯线上的点。如图 8-12(a)所示,Ⅴ、Ⅵ是 P 面截切两圆柱后所得两矩形截交线的交点,也即相贯线上的点。如用若干辅助截面截切物体,便可得到一系列的点,将这些点光滑地连接,即得到相贯线。为了便于作图,选择辅助平面的原则是:**使截交线为简单易画的圆或直线。**

作图步骤如图 8-12(b)所示。

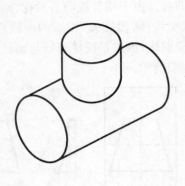

（a）两圆柱相贯立体图

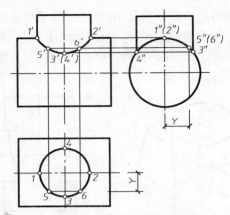

（b）求出特殊点 Ⅰ、Ⅱ、Ⅲ、Ⅳ 的投影；定出
中间点 Ⅴ、Ⅵ 的投影；连接各点，整理加深

图 8-11　两圆柱正交相贯

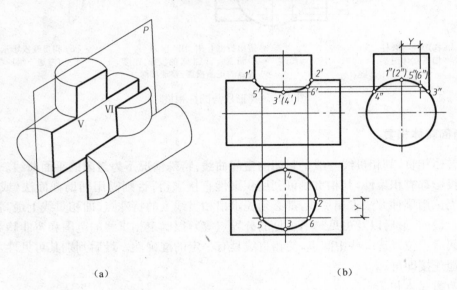

（a）　　　　　　　　　　　　　　　　　（b）

图 8-12　用截面法求相贯线

图 8-13 表示一实心圆柱在垂
直轴线方向开一圆柱通孔的投影。
它可视为两圆柱正交相贯，然后把
小圆柱抽出而成。因为是通孔，所
以在实心圆柱上产生上下两组相
贯线，并有通孔的轮廓线。

　　在工程形体中，经常遇到两圆
柱正交的情况，当其直径相差较
大，即小圆柱半径为大圆柱半径的
0.7 倍以下时，为了简化作图，常

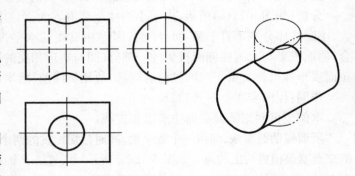

图 8-13　带通孔的圆柱体

用大圆柱的半径（$D/2$）为半径，作圆弧代替相贯线（近似画法），如图 8-14 所示。

（二）同轴回转体相贯

当两个回转体具有公共轴线时，相贯线为垂直于轴线的圆，如轴线垂直于 H 面时，该圆的正面投影积聚为一直线段，水平投影为圆的实形，如图 8-15 所示。

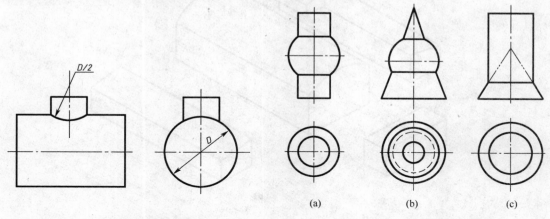

图 8-14　相贯线的近似画法　　　　　　　　　　　　图 8-15　同轴回转体相贯

第三节　截切体与相贯体综合示例

带有截交线与相贯线的形体较为复杂，由于外部交线重叠交错，投影层次不清，因此，在识读、绘制其投影图时，虽仍以形体分析法为主，但必须辅以线面分析法，才能较深入地理解其投影关系，作出正确地判断，顺利迅速地绘图和识图。

【例 8-8】　绘出图 8-16（a）所示厂房外形（简化）的投影图。

分析：

（1）选择图 8-16（a）中箭头所示方向作为正立面图投影的方向，因为这一方向能较明显地反映其外形特征，同时也能较明显地反映出各组成部分之间的相对位置。

（2）如图 8-16（b）所示，可将厂房外形分解成房屋中间主体 I，上部的天窗 II 和前、后、左侧的房屋 III、IV、V，房屋中间主体 I 顶部为圆拱形的柱体，天窗 II 为两面坡的五棱柱，底面与主体 I 拱形屋面相连，III、IV 为单坡顶四棱柱体，V 为平顶的四棱柱体。

分清各组成部分的形状位置后，为了清楚表达其形状，需画出三面投影图。

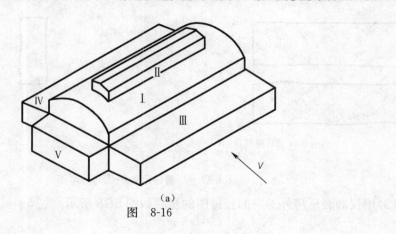

（a）

图　8-16

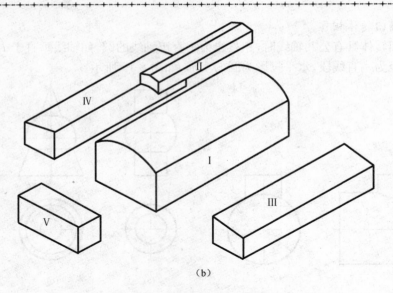

（b）

图 8-16　厂房外形（简化成实心结构）

作图：

（1）采用形体及线面分析法用徒手画出五个组成部分的草图，如图 8-17 所示。

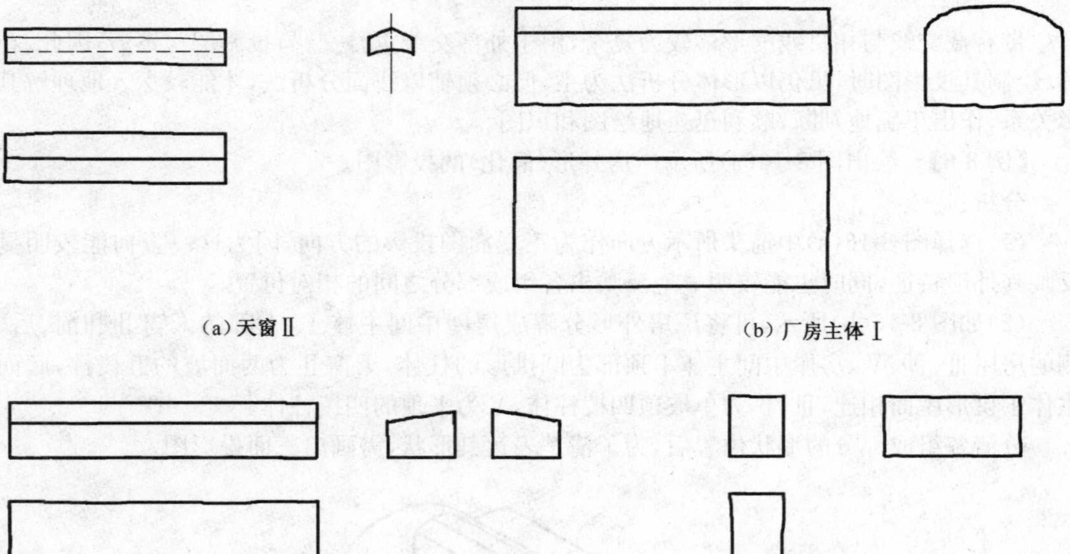

（a）天窗Ⅱ　　　　　　　　　　　　（b）厂房主体Ⅰ

（c）前后房屋Ⅲ、Ⅳ　　　　　　　　　（d）左侧房屋Ⅴ

图 8-17　厂房外形各组成部分草图

（2）用仪器画厂房外形三面投影图的步骤如图 8-18 所示。

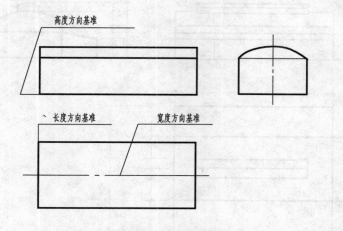

（a）确定基准，作主体Ⅰ的三面图

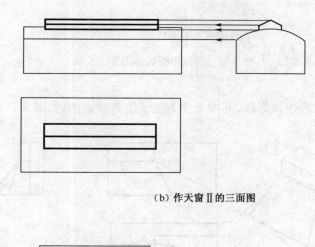

（b）作天窗Ⅱ的三面图

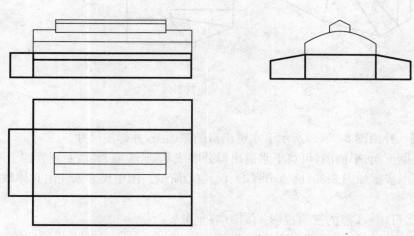

（c）作前、后、左房屋Ⅲ、Ⅳ、Ⅴ的三面图

图　8-18

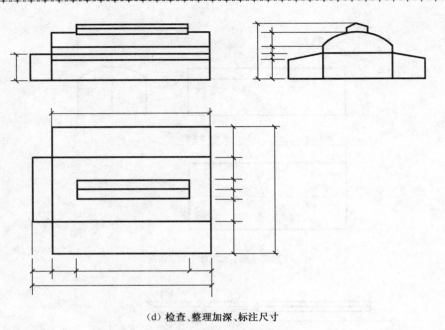

(d) 检查、整理加深、标注尺寸

图 8-18　厂房外形三面投影图的作图方法步骤

试分析图 8-19(a)所示的建筑形体，并按上述方法试绘其投影图，如图 8-19(b)所示。

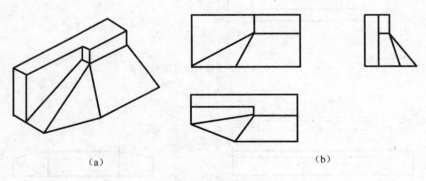

　　　　(a)　　　　　　　　　　　　　　　　(b)

图 8-19　建筑形体

【例 8-9】　补画图 8-20(a)所示下水道出口的侧面图，并标注尺寸。

分析：根据正面、平面图，可将下水道出口分解成基础、端墙、翼墙及圆管四个部分。

作图：作图步骤如图 8-20(b)、(c)、(d)、(e)、(f)所示。图中尺寸未注出具体数字。

讨论：

①图 8-20(f)中 A 点的三面投影 a、a'、a''在何处？

②翼墙顶面的形状、空间位置如何？为什么？

③补画第三面投影是识图训练的一种方法，你能否通过补画下水道出口的侧面投影，综合想像出其整体形状，如图 8-20(f)所示。

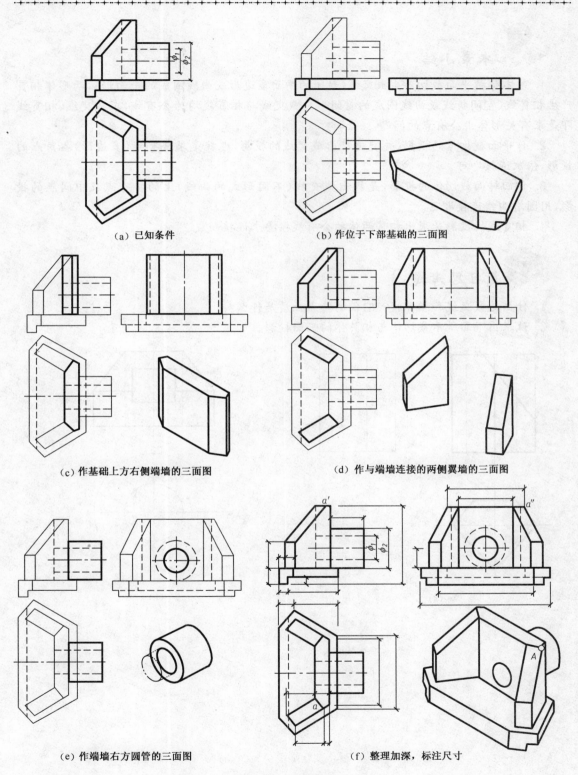

（a）已知条件　　　　　　　　　　　　（b）作位于下部基础的三面图

（c）作基础上方右侧端墙的三面图　　　　　　　　（d）作与端墙连接的两侧翼墙的三面图

（e）作端墙右方圆管的三面图　　　　　　　　　（f）整理加深，标注尺寸

图 8-20　下水道出口

本章小结

1. 基本体被平面截切产生截交线(封闭的平面多边形或曲线围成的平面形),两形体相贯产生相贯线(空间折线或曲线围成的封闭形),截交线与相贯线均为公有线,求截交线、相贯线即是求有关形体上公有点的问题。

2. 作平面截切体的投影,关键是求出截交线的投影,也就是求截交线(多边形)各角点的投影,依次连接即可。

3. 作回转面截切体的投影,是找出截交线(不同形式的曲线)上的特殊点及中间点的投影,用圆滑曲线连接即可。

4. 相贯线的投影是求出相贯两体的公有线按要求连接而成。

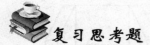 **复习思考题**

1. 什么是截交线和相贯线?它们的特点性质是什么?

2. 试求出下面所示截切体与相关体的三面投影。

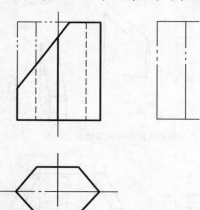

(a)

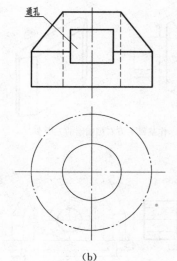

(b)

第九章 表达物体的常用方法

 本章描述

　　建筑形体仅用三面投影很难将其外形、内部构造表达清楚,因而还需采用其他方法,本章介绍《房屋建筑制图统一标准》GB/T 50001—2001 中有关投影法、图样布置、剖面、断面及简化画法,对工程中常采用的习惯画法也作简要说明。

 拟实现的教学目标

　　1. 能力目标

　　工程图样是生产施工、技术交流的重要"语言"通过学习要大力提高运用所学过的表达方法,将工程形体"说"清楚"看"明白的工作能力,为拓宽从业道路打下坚实基础。

　　2. 知识目标

　　了解六面投影图、展开图、镜像投影的图示方法、掌握剖面图、断面图的绘制、识读方法、熟悉图样的简化画法及常用的习惯画法。

　　3. 素质目标

　　培养仔细观察事物、提高综合分析归纳和空间思维能力、进一步培养分析问题、解决问题的能力并培养耐心细致、一丝不苟的工作作风。

第一节 投 影 图

一、六面投影图

　　土木工程图多按直接正投影法(即前述正投影)绘制。但有些建筑物因其形状复杂,用三面投影图表达常嫌不足,所以在原有的三面投影图的基础上,再增设三个投影图,如图 9-1 所示。

　　(一)六面投影图的名称

　　正立面图(正面图)——正面投影图;

　　平面图——水平投影图;

　　左侧立面图(左侧面图)——侧面投影图;

　　右侧立面图(右侧面图)——从右向左投影;

　　背立面图(背面图)——从后向前投影;

　　底面图——从下向上投影。

　　(二)画六面投影图的注意事项

　　1. 在同一张图纸上绘制几个投影时,其顺序宜按主次关系,从左至右依次排列;

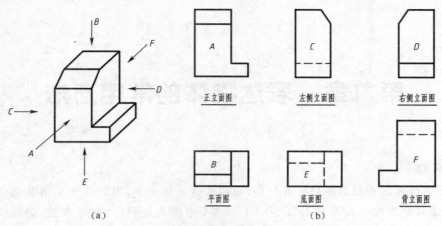

（a）

图 9-1　物体的六面投影图

2. 每个图样一般均应标注图名，图名宜标注在图样的下方或一侧，并在图名下绘一粗横线，其长度应与图名所占长度相同。如图 9-1(b)所示。

二、展 开 图

建筑物的立面部分，如与投影面不平行（如圆形、折线形、曲线形等），可将该部分展至与投影面平行，再以直接正投影法绘制，并在图名后注写"展开"字样，如图 9-2 所示。

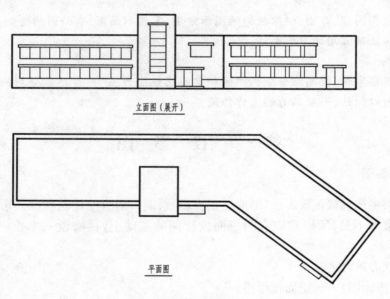

立面图（展开）

平面图

图 9-2　展开图

三、镜像投影图

当物体的形象不易用直接正投影法表达时，如房屋顶棚的装饰、灯具等，可用镜像投影法绘制，但应在图名后注写"镜像"两字。

如图 9-3 所示，把镜面放在物体下面，代替水平投影面，在镜面中反射到的图像称"平面图（镜像）"。由图可知，它和用直接正投影法绘制的平面图是不相同的。

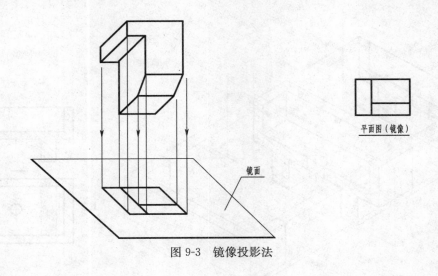

图 9-3　镜像投影法

第二节　剖　面　图

　　工程建筑物内部构造复杂时,在投影图中就会出现较多的虚线,影响图示效果,也不便于标注尺寸,如图 9-4 所示水池,为了清楚地表达其结构的内部形状,常采用剖面的方法。

　　一、剖面图的基本概念

　　如图 9-5(a)所示,假想用剖切平面在适当位置将物体剖开,移去观察者和剖切平面之间的部分,将剩余部分进行投影,并在物体的截面(剖切平面与物体接触部分)上画出建筑材料图例,所得到的图形称剖面图(简称剖面),图 9-5(b)为水池的剖面图。显然,在剖面图中,池槽、水孔均可清晰地表达出来。

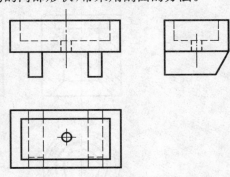

　　二、剖面图的画法及标注

图 9-4　水池的投影图

　　(一)剖切面和投影面平行

　　为了使剖面图能充分反映物体内部的实形,剖切面应和投影面平行,并且常使剖切面与物体的对称面重合或通过物体上的孔、洞、槽等隐蔽部分的中心,如图 9-5(a)所示,图中剖切面 P 平行于 V 面。

　　(二)完　整　性

　　因为剖切是一种假想画法,因此,一个投影图做剖切时,其他投影图仍需按完整的形状画出,如图 9-6(a)所示。

　　(三)画出剖切面后方的可见部分

　　物体剖开后,剖切平面后方的可见部分应画全,不得遗漏。图 9-6(b)为圆形沉井正面图中的阶梯孔遗漏图线,且平面图不完整。

　　(四)画出建筑材料图例

　　在剖面图中,需在截面上画出建筑材料图例。常用的建筑材料图例见表 9-1。图例中的

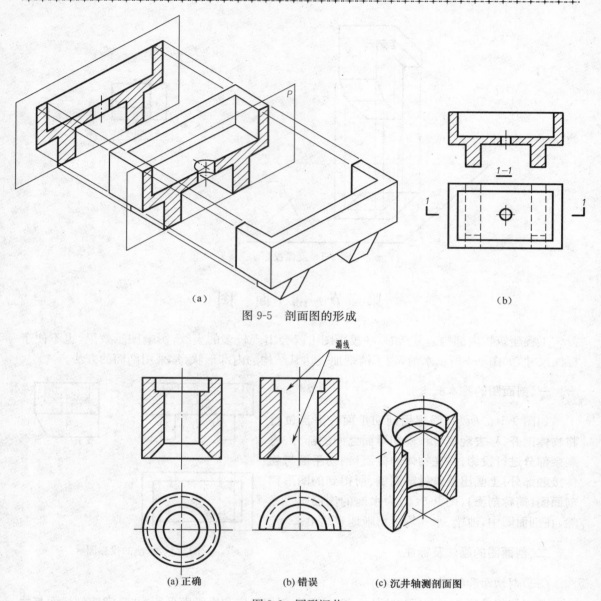

(a)

图 9-5　剖面图的形成

(b)

(a) 正确　　　　　(b) 错误　　　　　(c) 沉井轴测剖面图

图 9-6　圆形沉井

斜线多为 45°细实线。图例线应间隔均匀,角度准确。

当建筑材料不确定时,可用 45°细实线表示。

(五)图中虚线可省略

在剖面图中,对于已经表达清楚的结构,其虚线可省略不画。

(六)剖面图的标注

如图 9-5(b)所示,剖面图中需用剖切符号表示剖面图的剖切位置和剖视方向。

(1)用剖切位置线表示剖切位置。剖切位置线实质上是剖切面的积聚投影,但应尽量不穿越其他图线。规定用长 6~10 mm 的粗实线表示。

(2)用剖视方向线表示剖面的投影方向。剖视方向线垂直于剖切位置线,用长 4~6 mm 的粗实线表示。

（3）剖切符号的编号，采用阿拉伯数字，由左至右，由上至下按顺序连续编写，编号数字一律水平方向注写在剖视方向线的端部，在相应的剖面图上需注出"×-×剖面"字样。图9-5（b）中的1-1剖面，表示由前向后投影得到的剖面图。

为了简化图纸，"剖面"二字也可以省略不写。

表 9-1　常用建筑材料图例（摘选）

序号	名称	图例	说明	序号	名称	图例	说明
1	自然土壤		包括各种自然土壤	11	混凝土		（1）本图例仅适用于能承重的混凝土及钢筋混凝土　（2）包括各种骨料添加剂的混凝土　（3）在剖面图上画出钢筋时不画图例线　（4）如断面较窄不易画出图例线，可涂黑
2	天然石材		包括岩层、砌体等材料				
3	夯实土壤						
4	毛石			12	金属		（1）包括各种金属　（2）图形小时可涂黑
5	砂灰土		靠近轮廓线点较密的点	13	钢筋混凝土	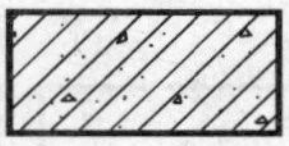	（1）本图例仅适用于能承重的混凝土及钢筋混凝土　（2）包括各种骨料添加剂的混凝土　（3）在剖面图上画出钢筋时不画图例线　（4）如断面较窄不易画出图例线，可涂黑
6	普通砖		（1）包括砌体砌块　（2）断面较窄、不易画出图例线，可涂红				
7	饰面砖		包括铺地砖、马赛克、陶瓷锦砖、人造大理石等				
8	耐火砖		包括耐酸砖等	14	防水材料	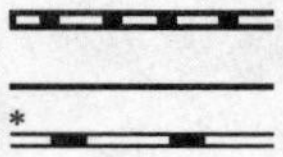	构造层次多和比例较大时采用上面图例　铁路工程图中采用　＊ 非国标
9	空心砖		包括各种多孔砖				
10	木材		（1）上图为横断面左上图为垫木、木砖、木龙骨　（2）下图为纵断面	15	粉刷	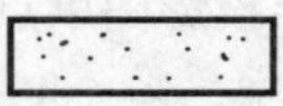	本图例点以较稀的点

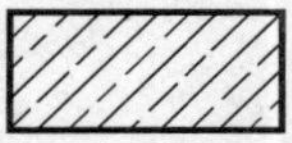

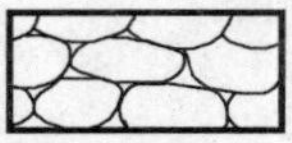

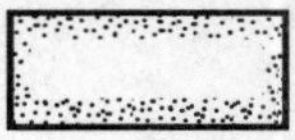

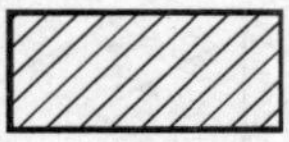

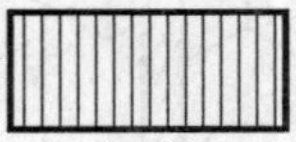

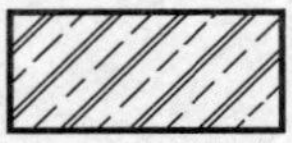

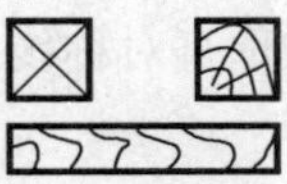

三、常用的几种剖切方法

（一）用一个剖切面剖切

（1）用一个剖切面把物体完全剖开得到的剖面图称**全剖面图**，简称**全剖**，如图9-7所示。

全剖面多用于物体的投影图形不对称时，但外形简单且在其他投影图中外形已表达清楚的物体，虽其投影图形对称也可画成全剖。

剖面图的配置与投影图相同，应符合投影关系，如图9-7（b）中的正面图及左侧面图，均采用了全剖面的画法。

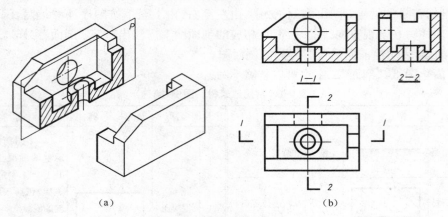

(a)   (b)

图 9-7　箱体全剖面图

（2）当物体具有对称平面且外形又较复杂时，在垂直于对称面的投影面上的投影可以以对称线为界，一半画成剖面图，另一半仍保留外形投影图，这种画法称**半剖面图**，简称**半剖**。如图9-8（a）所示。水槽的三面投影图，均采用了半剖。图9-8（b）是其轴测图。

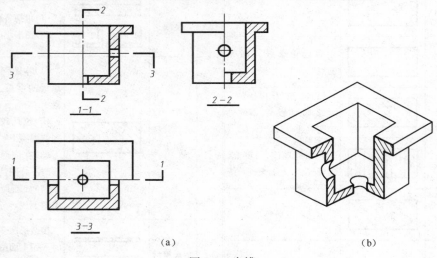

(a)   (b)

图 9-8　水槽

作半剖面图时，应注意以下几点：

（1）半剖面图与半投影图以点划线为分界线，剖面部分一般画在垂直对称线的右侧或水平对称线的下方；

（2）由于物体的内部形状已经在半剖面中表达清楚，在另一半投影图上就不必再画出虚线；

（3）半剖面图中剖切符号的标注规则与全剖面相同。

3.　如需表达物体内部形状的某一部分时，可采用局部剖切的方法，即用剖切面剖开物体的局部得到的剖面图称**局部剖面图**，简称**局部剖**。如图9-9所示"瓦管"，就是用局部剖的方法表示其内孔的。

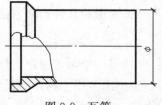

图 9-9　瓦管

在局部剖面中，已剖与未剖部分的分界线用波浪线表示。波浪线不能与其他图线重合，且应画在物体的实体部分；局部剖可以不标注。

（二）用两个或两个以上平行的剖切面剖切

1. 当物体上的孔或槽无法用一个剖切面同时将其切开时，可采用两个或两个以上相互平行的剖切面将其剖开，这样画出的剖面图称**阶梯剖面图**，简称**阶梯剖**。图 9-10 为钢轨垫板的阶梯剖面图。

画阶梯剖时应注意以下几点：

（1）在剖面图上不画出剖切平面转折棱线的投影，如图 9-10(b)中箭头所指的棱线，而看成由一个剖切面可以全剖开物体所画出的图；

（2）剖切位置线的转折处不应与图上的轮廓线重合、相交；

（3）画阶梯剖时，必须标注剖切符号，如图 9-10(a)中的 1—1，在转折处如与其他图线混淆，应在转角的外侧加注相同的编号。

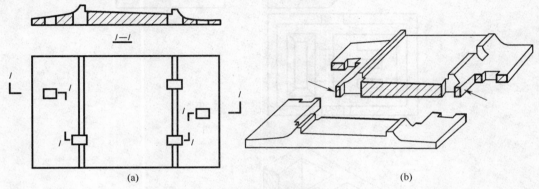

(a)　　　　　　　　　(b)

图 9-10　钢轨垫板

2. 分层剖切剖面图。在建筑图样中，为了表达建筑形体局部的构造层次，常按层次以波浪线将各层隔开来画出其剖面图，如图 9-11 所示，图中的波浪线不应与任何图线重合。

（三）用两个或两个以上相交的剖切面剖切

如图 9-12 所示，用此法剖切时，应在剖面图的图名后加注"展开"字样。

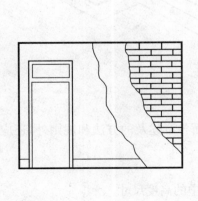

图 9-11　分层剖面图

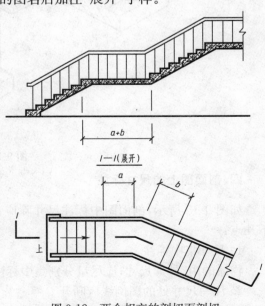

图 9-12　两个相交的剖切面剖切

【例 9-1】 作图 9-13(a)所示滤池的剖面图。

分析:由于该体的正面图、左侧面图中虚线较多,因而这两个图均需作剖面。又由于正面图左右不对称,应选用全剖;而左侧面图为对称图形,宜作半剖,如图 9-13(b)所示。

作图:如图 9-14 所示,在 1-1 剖面中,中间壁上的孔采用了习惯画法,视被剖开。

若根据实物、模型或轴测图画投影图时,则应通过分析,将需剖切的部分一次作成适当的剖面图,而不必先画全三面投影图,再改画成剖面图。

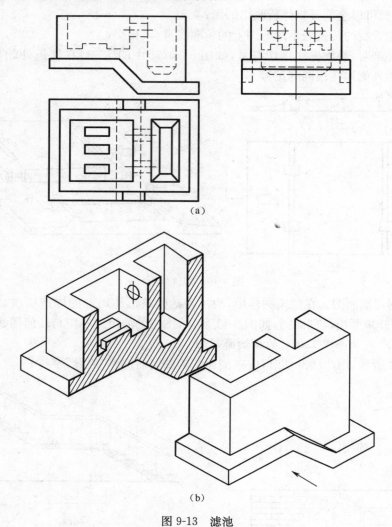

(a)

(b)

图 9-13　滤池

四、剖面图上的尺寸标注

如图 9-15 所示,剖面图中标注尺寸除应遵守前面各章述及的方法和规则外,还应注意以下几点:

1. 尺寸集中标注

物体的内、外形尺寸,应尽量分别集中标注,如图中的高度尺寸。

2. 注写尺寸处的图例线应断开

如需在画有图例线处注写尺寸数字时,应将图例线断开,如图中的尺寸 30。

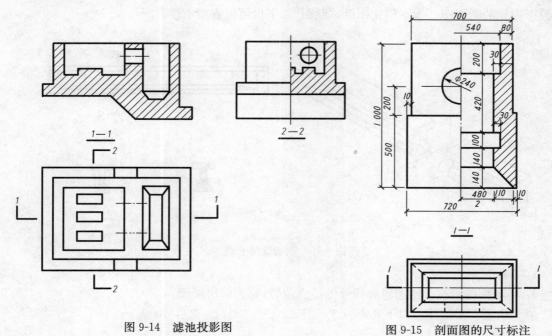

图 9-14　滤池投影图

图 9-15　剖面图的尺寸标注

3. 对称结构的全长尺寸注法

在半剖面图中,有些部分只能表示出全形的一半,尺寸的另一端无法画出尺寸界线,此时,尺寸线在该端应超过对称中心线或轴线,尺寸注其全长,如图中的 540。也可用"二分之一全长"的形式注出,如 480/2 等。

4. 作半剖面时,仍标注直径尺寸

由于作半剖面而使整圆成为半圆时,仍按直径标注,如 φ240,尺寸线的另一端应稍过圆心。

第三节　断　面　图

一、断面图的基本概念

当物体某些部分的形状,用投影图不易表达清楚,又没必要画出剖面图时,可采用断面图来表示。

所谓断面图(也称截面图),**即假想用一个剖切平面,将物体某部分切断,仅画出剖切面切到部分的图形。在断面上应画出材料图例。**

图 9-16(a)为预制混凝土梁的立体图,假想被剖切面 1 截断后,将其投影到与剖切面平行的投影面上,所得到的图形如图 9-16(b)所示,称 1—1 断面图。它与剖面图 2—2 比较,仅画出了剖切面与梁接触部分的形状,而剖面图还要绘出剖切面后面可见部分的投影。

二、断面图的标注及画法

(一)标　注

断面图只需标注剖切位置线(长 6~10 mm 的粗实线),并用编号的注写位置来表示投影方向,还要在相应的断面图上注出"×—×断面"字样。图 9-16(b)中的 1—1 断面表示从左向右投影得到的断面图。为了简化图纸,"断面"二字也可以省略不注。

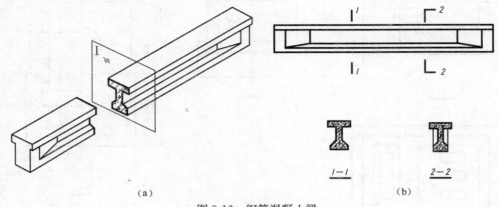

图 9-16　钢筋混凝土梁

(二)画　法

1. 将断面图画在投影图轮廓线外的适当位置,称为**移出断面**。

画移出断面时应注意以下几点:

(1)断面轮廓线为粗实线。

(2)移出断面可画在剖切位置线的延长线上,如图 9-17(a)所示,也可以画在投影图的一端,如图 9-17(b)所示,或画在物体的中断处,如图 9-17(c)所示。

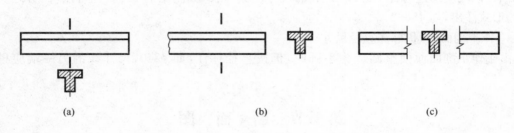

图 9-17　T 梁断面图

(3)作对称物体的移出断面,可以仅画出剖切位置线,如图 9-17 所示;物体不对称时,除注出剖切位置线外,还需注出数字以示投影方向,如图 9-18 所示。

(4)当物体需作多个断面时,断面图应排列整齐,如图 9-18 所示。

2. 将断面图画在物体投影的轮廓线内,称**重合断面**。

画重合断面时应注意以下几点:

(1)重合断面的轮廓线一般用细实线画出,如图 9-19(a)所示,但在房屋建筑图中,为表达建筑立面装饰线脚时,其重合断面的轮廓用粗实线画,且在表示实体的一侧画出 45°图例线,如图 9-19(b)所示。

(2)当图形不对称时,需注出剖切位置线,并注写数字以示投影方向,如图 9-20(a)所示,对称图形可省去标注,如图 9-19(a)所示。

(3)断面轮廓线与投影轮廓线重合时,投影图的轮廓线需要完整地画出,不可间断,如图 9-20(a)所示。图 9-20(b)的画法及标注均有错误(读者自行找出)。

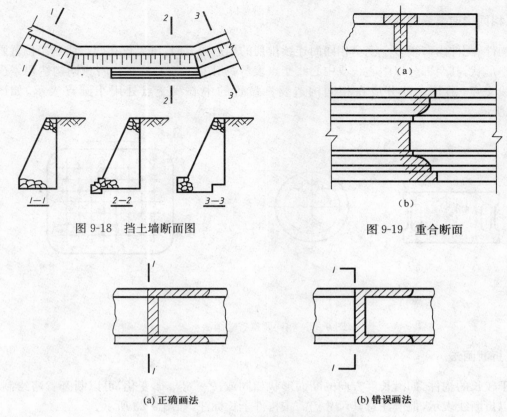

图 9-18　挡土墙断面图

图 9-19　重合断面

(a) 正确画法　　　　　　　　　　(b) 错误画法

图 9-20　不对称构件重合断面画法

第四节　图样的简化画法及其他表达方法

一、对称省略画法

物体对称时,允许以中心线为界,只画出图形的一半或四分之一,此时应在中心线上画出对称符号,如图 9-21(a)所示,也可根据图形的需要略超出对称线少许,此时,不宜画对称符号,如图 9-21(b)所示。

对称符号是两条平行等长的细实线,线段长为 6~10 mm,间距为 2~3 mm,在中心线两端各画一对,如图 9-21(a)所示。

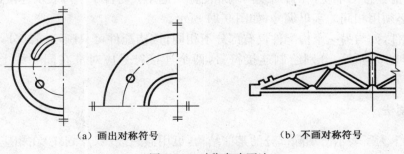

(a) 画出对称符号　　　　　　　　(b) 不画对称符号

图 9-21　对称省略画法

二、相同构造要素的画法

在构件、配件内有很多个完全相同而连续排列的构造要素时,可以仅在两端或适当位置画出其完整形状,其余部分以中心线或中心线交点表示,如图 9-22(a)所示。若相同构造要素少于中心线交点,则其余部分应在相同构造要素位置的中心线交点处用小圆点表示,如图9-22(b)所示。

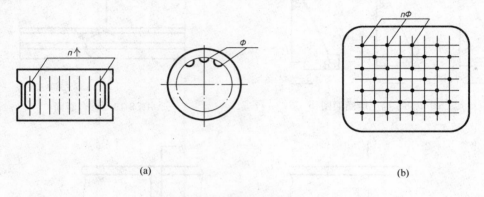

图 9-22　相同要素省略画法

三、折断画法

对于较长的构件,如沿长度方向的断面形状相同或按一定规律变化,可以断开省略绘制,断开处以折断线表示,但应注意其尺寸仍需按构件全长标注,如图 9-23 所示。

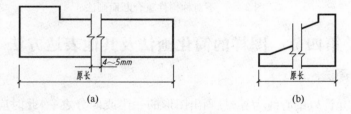

图 9-23　折断省略画法

四、连接画法及连接省略画法

一个构配件,如绘制位置不够,可分成几个部分绘制,并用连接符号表示相连。连接符号以折断线表示需连接的部位,在折断线两端靠图样一侧用大写拉丁字母表示连接符号,两个被连接的图样,必须用相同的字母编号,如图 9-24 所示。

一个构配件,如与另一个构配件仅有部分不相同,该构配件可只画不同部分,但应在其相同与不同部分的分界处,分别绘制连接符号,两个连接符号应对准在同一线上,如图 9-25所示。

五、假想画法

在剖面图上为了表示已切除部分的某些结构,可用假想线(双点划线)在相应的投影图上画出。如图 9-26(a)所示。

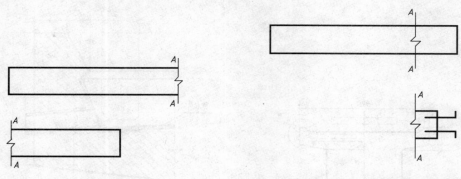

图 9-24　连接画法　　　　　　　　　　图 9-25　构件局部不同时的省略画法

某些弯曲成形的物体,如需要时,也可用双点划线画出其展开形式,以表达弯曲前的形状和尺寸,如图 9-26(b)所示。

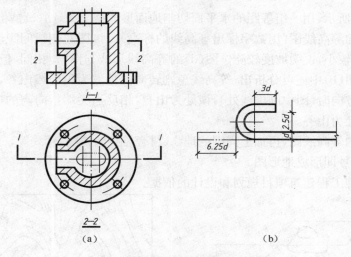

（a）　　　　　　　　　　　　　（b）

图 9-26　假想画法

六、详图画法

当结构物某一局部形状较小,图形不够清楚或不便于标注尺寸时,可用较原图大的比例,将该局部单独画出,工程上称详图。

详图应尽量画在基本图附近,可画成投影图、剖面、断面图,采用的比例是指与物体大小之比,其表达形式及比例与原图无关。详图的标注通常是在被放大部位画一细实线小圆,用指引线注写字母或数字,在详图上注出相应的"×详图"字样,如图 9-27 所示(铁路工程图中常用的习惯画法)。

在房屋建筑工程图中,详图画法及符号标注另有规定,可见建筑施工图有关内容。

七、标高投影

为了表达地形或复杂曲面,常采用标高投影的方法。标高投影是假想用一组高差相等的水平面切割地面,将所得到的一系列截交线(称等高线)投影到水平面上,并用数字标出这些等高线的标高(等高线与水平面间的高度距离)而得到的图。所以标高投影图实为用正投影法绘制的等高线单面投影图(平面图),不过其高度不是用立面图而是用标高值表示的。

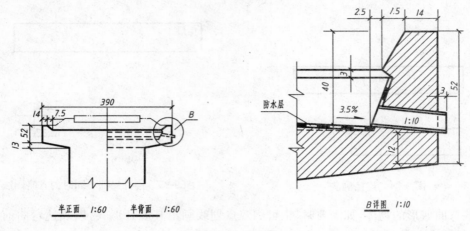

图 9-27　详图

如图 9-28(a)所示,用一组等距的水平面切割地面形成截交线,图(c)是将这些截交线投影到水平面上得到的等高线图(用数字标出等高线的标高)。该图左侧线间距较大,说明地面坡度较缓,右侧间距较小,说明坡度较陡。图(d)的等高线形式与图(c)相同,但据所注标高可知它是洼地。而从图(b)中还可分析出,等高线急剧转向的地方为山脊或山谷,当等高线转向尖端指向低的标高方向时(图中画虚线处),该处为山脊,相反当尖端指向高的标高方向时(图中画点划线处),该处为山谷。

一个区域内的等高线图,再加上周围的地物(村舍、道路、桥隧、管线等)、地貌(地界、河流、植被等)的特定符号即形成地形图。

地形图是大型工程建筑项目规划和设计的依据。

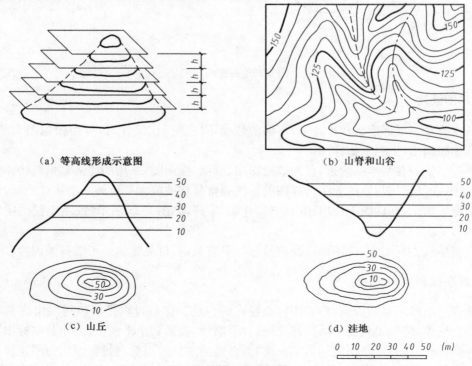

图 9-28　等高线图

第五节　剖面图与断面图的识读

识读剖面图与断面图的方法与识读组合体的投影图相似,仍用形体分析法和线面分析法。下面以图 9-29 所示化污池为例,说明识读剖面、断面图的方法。

一、认清投影图,明确投影关系

首先应了解化污池是用哪些投影图表达的,图中有什么剖面、断面,它们的剖切位置在哪里,认清观察方向,初步理解剖切目的,明确投影关系。

图 9-29 给出了化污池的四个投影图,其中正面投影采取全剖,剖切面通过该体的前、后对称面,表达了左、右中空的内形;水平投影采用了半剖,水平中心线上方表示外形,下方表示内形,从标注可知,水平剖切面通过池身上小圆孔和方孔的中心线;侧面投影也采用了半剖,剖切面是通过左侧顶部加劲板的中心线,表达了化污池上、下部分的内外形状;4—4 断面则表达了隔板部位的形状及圆、方孔的位置。

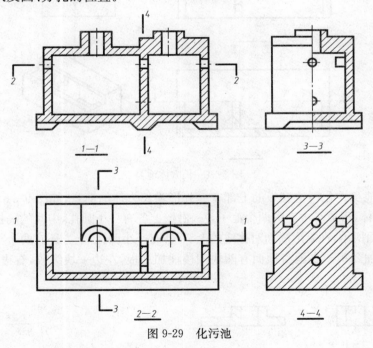

图 9-29　化污池

二、分析形状,想像内外结构和细节

用形体分析法将化污池分成几个基本形体,根据各图的投影关系,应用看图想物的道理弄清各部分外形及内部结构,读懂细节及建筑材料,若标注了尺寸,还要认清其大小。

由图可知,该形体分成四个主要部分:

(1)矩形底板。位于化污池下方,图 9-30 为其投影图及直观图。底板的大致形状为矩形柱体,从正面投影中看出,在矩形下方左右各有一个梯形线框,接近中间处还有一个与底板相连的梯形截面,结合水平、侧面投影,可以确定底板下方中部是一个梯形四棱柱加劲肋,而四角各有一个四棱台的加劲墩子。

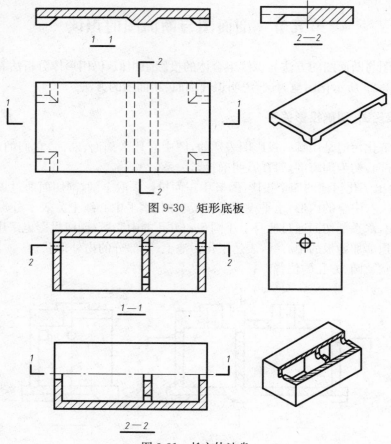

图 9-30　矩形底板

图 9-31　长方体池身

（2）长方体池身。化污池底板的上部有一外形为长方体的池身，如图 9-31 所示，在其内部挖去了两个长方体，形成了中空的两个池子，左、右壁上各有一小圆孔，中间的隔板部位形状如图 9-29 中 4—4 断面所示，在矩形断面对称线的上、下各有一小圆孔，上方还有两个对称的方孔。

（3）四棱柱加劲板。在池身顶面有两块四棱柱加劲板，左边一块纵放，右边一块横放，形状如图 9-32 所示。

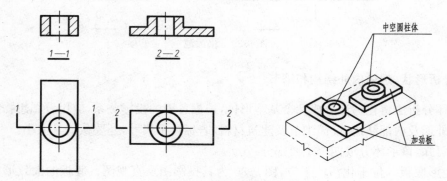

图 9-32　加劲板及通孔

（4）圆柱体通孔。在两块加劲板的上方各有一个中空圆柱体，该圆柱孔与池身相通，其形状如图 9-32 所示。

三、综合各组成部分，想像整体形状

如上述分析，化污池前后对称，池身下面有长方形底板，上面有带圆柱通孔的两块加劲板，把以上分解开的形体逐个综合起来，即可得出化污池的整体形状，如图 9-33 所示。

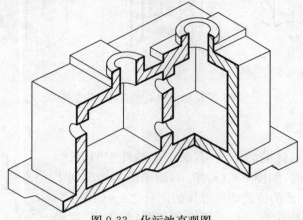

图 9-33　化污池直观图

图 9-34 为地下室的投影图及直观图。投影图中有一个平面图和三个剖面图，读者可自行分析识读其内外形状。

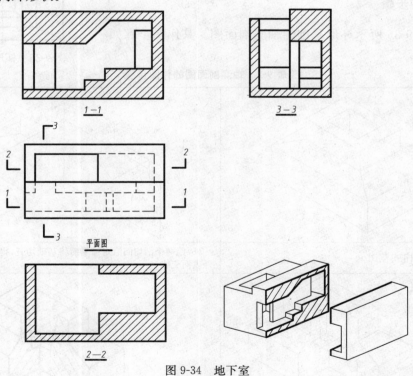

图 9-34　地下室

第六节　轴测剖面图的画法

假想用剖切平面将物体轴测图切除一部分，以表达空心形体的内部结构，这种图称**轴测剖**

面图。

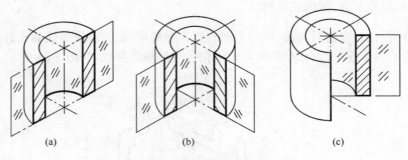

图 9-35　轴测剖面图剖切面的选择

一、剖切位置的选择

为了清楚地表示形体的内部结构，又不影响外形的表达，尽量不用一个剖切平面，如图9-35(a)所示，而采用两个剖切平面，且沿着平行坐标平面的位置切除形体的四分之一，如图9-35(b)所示。图 9-35(c)中虽也使用了两个剖切面，但失真，因而不好。

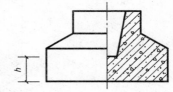

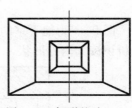

图 9-36　杯形基础

二、作图步骤

作如图 9-36 所示杯形基础的轴测剖面图。其作图步骤如表 9-2 所示。

表 9-2　轴测剖面图的作图步骤

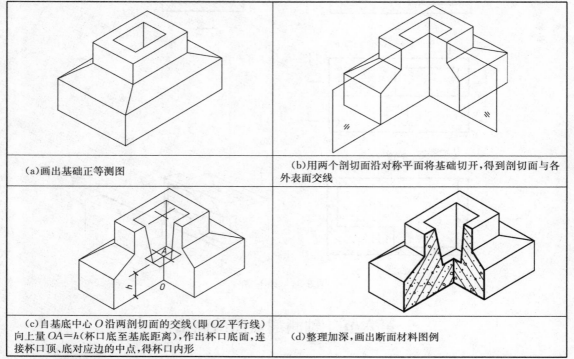

(a)画出基础正等测图	(b)用两个剖切面沿对称平面将基础切开，得到剖切面与各外表面交线
(c)自基底中心 O 沿两剖切面的交线(即 OZ 平行线)向上量 $OA=h$(杯口底至基底距离)，作出杯口底面，连接杯口顶、底对应边的中点，得杯口内形	(d)整理加深，画出断面材料图例

应当注意的是：

（1）作图时要预先考虑到被切除的部分，并将该处的轮廓线画得轻细；

（2）切口处图例线的方向，如图 9-37 所示；

（3）轴测剖面图中物体轮廓线为中粗线，切断面轮廓线画粗实线。

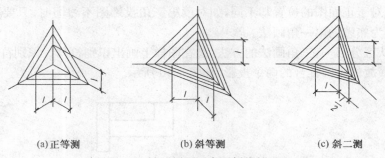

(a)正等测　　　(b)斜等测　　　(c)斜二测

图 9-37　轴测剖面图中图例线的画法

第七节　第三角画法简介

在国际技术交流中，会遇到第三角画法的图纸，下面对第三角画法作一简单介绍。

如图 9-38 所示，用三个相互垂直的平面将空间分成八个分角，前面介绍的投影图、剖面等画法均采用国标中规定的第Ⅰ角投影法绘制。若将形体置于第三分角进行投影的画法称第三角画法，如图 9-39(a)、(b)、(c)所示分别为将台阶置于第Ⅲ角中进行投影、展开和其投影图。

第三角投影和第一角投影一样，采用正投影法，因此，用第三角画法得到的投影图之间仍保持"长对正、高平齐、宽相等"的投影规律。其区别是：

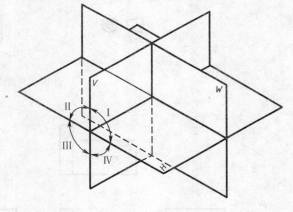

图 9-38　八个分角

（1）观察者、投影面与形体三者相对位置不同。第一角投影顺序为人—形体—投影面，而第三角为人—投影面—形体。

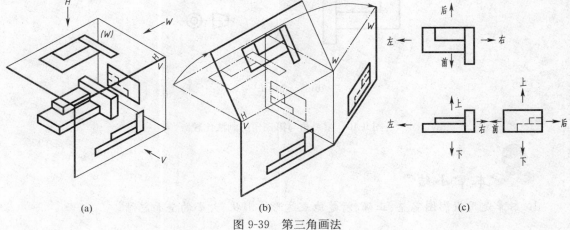

(a)　　　(b)　　　(c)

图 9-39　第三角画法

(2)展开后图样的配置位置不同。第三角画法中其水平投影和侧面投影"**远离正面图的一侧是形体的后面**",如图 9-39(c)所示。

图 9-40 示出了第三角与第一角画法投影图配置的比较,可以看出各相应的投影图形完全相同,而它们相对于正面图的位置却不同,如对读第三角投影图不习惯时,只要互换投影图的位置,即可理解为熟悉的第一角画法。

国际上公认区分第一、三角画法的方法,是在图样上画出识别符号。识别符号是按各自画法画出的轴线横放的小圆锥台的两个投影,如图 9-40 所示。

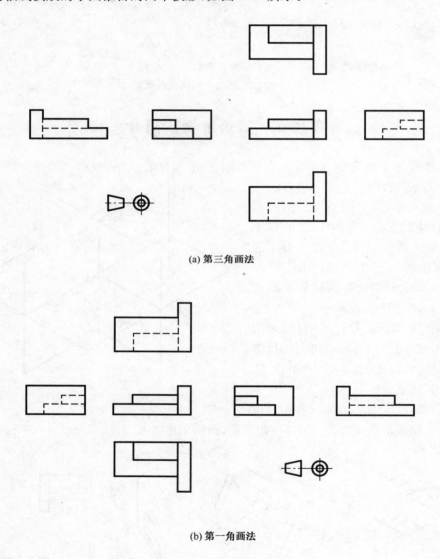

(a) 第三角画法

(b) 第一角画法

图 9-40　第一角与第三角的画法比较

 **本章小结**

1. 本章是用投影图完整、正确、清楚地表达形体形状、大小的全面总结。

2. 表达形体外形可用多面投影、展开图、镜像投影和各种简化习惯画法。

3. 表达形体内部构造可用各种剖切方法作出剖面图和断面图。

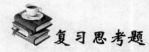

复习思考题

1. 说明六面投影图的名称和配置。

2. 什么是剖面图？剖面图的种类有哪些？

3. 选择不同种类剖面图的依据是什么？如何画出半剖面图？

4. 断面图与剖面图的区别是什么？如何画出移出断面？

5. 识读带有剖面图与断面图复杂形体的投影图的方法步骤是什么？

第十章　钢筋混凝土结构图的基本知识

本章描述

本章重点讲述钢筋混凝土结构图在图示内容和图示方法上的一些特点。针对本章的需要,对钢筋混凝土结构的基本知识给予初步介绍。

拟实现的教学目标

1. 能力目标

通过本章学习,了解钢筋布置图的图示方法、特点和绘制规则,能准确识读和绘制简支梁的配筋图。

2. 知识目标

初步了解混凝土和钢筋混凝土的性能,了解钢筋弯钩的作用、标准形式及相关尺寸,了解钢筋保护层的作用和相关尺寸,了解钢筋混凝土构件(以简支梁为例)配筋图的基本内容。

3. 素质目标

由于构件中钢筋配置繁杂,而且画法特殊,因此,无论是绘图或看图,都应对每种每根钢筋的编号、等级、直径、形状、尺寸、数量以及在构件中的位置和各筋间的相互关系有明晰、准确地表达和了解,养成一种认真、细致、一丝不苟的学习心态和对工作高度负责的精神。

第一节　钢筋混凝土的基本知识

混凝土是由水泥、砂、石子和水按一定配合比拌合而成的。混凝土的抗压强度较高,而抗拉强度很低,故混凝土受拉时容易产生裂缝乃至断裂,如图 10-1(a)所示,但混凝土的可塑性强,能制成各种类型的构件。为了提高混凝土构件的抗拉能力,通常根据结构的受力需要,在混凝土构件的受拉区内配置一定数量的钢筋,使其与混凝土结合成一个整体,共同承受外力,如图 10-1(b)所示。这种配有钢筋的混凝土称为钢筋混凝土,其构件称为钢筋混凝土构件。在工地现浇的称为现浇钢筋混凝土构件,在工厂预制的称为预制钢筋混凝土构件。如果在制造时先将钢筋进行张拉,待混凝土凝固后再放张,使其对混凝土预加一定的压力,以提高构件的抗拉和抗裂性能,这种构件称为预应力钢筋混凝土构件。

一、钢筋的种类

钢筋可以按不同的方式分类。国产建筑用钢筋按产品品种分类,如表 10-1 所示。
若按钢筋在构件中所起的作用分类,钢筋可分为下列几种:

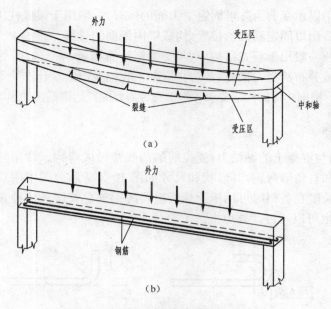

图 10-1　钢筋混凝土梁受力示意图

表 10-1　钢筋的种类和符号

种　　　类	符　号	d(mm)	f_{yk}(N/mm^2)
HPB235（Q235）	Φ	8～20	235
HRB335（20MnSi）	Φ	6～50	335
HRB400（20MnSiV、20MnSiNb、20MnTi）	Φ	6～50	400
RRB400（K20MnSi）	Φ^R	8～40	400

（1）受力筋——是构件中主要的受力钢筋，一般布置在混凝土受拉区以承受拉力，称为受拉钢筋，如图 10-2 所示。在梁、柱构件中，有时还需配置承受压力的钢筋，称为受压钢筋。

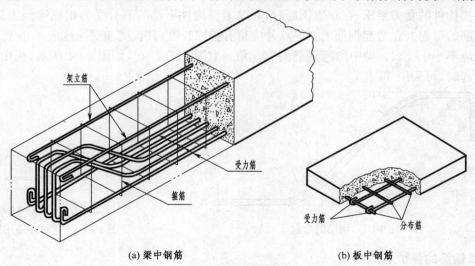

(a) 梁中钢筋　　　　　　　　　　　　(b) 板中钢筋

图 10-2　钢筋的种类

（2）箍筋——用以承受剪力并可固定受力筋的位置，一般用于梁或柱中。

（3）架立筋——用以固定箍筋的位置，构成梁内钢筋的骨架。

（4）分布筋——一般用于板式结构中，与受力筋垂直布置，它与板的受力筋一起构成钢筋骨架，使荷载更好地分布给受力钢筋，并防止混凝土收缩及温度变化产生裂缝。

（5）构造筋——根据构件的构造要求和施工安装需要配置的钢筋。如预埋件、锚固筋、吊环等。

二、钢筋的弯钩

为了增加钢筋与混凝土的黏结力，受拉筋的两端常做成弯钩。常用的弯钩有两种标准形式，即半圆形弯钩和直角形弯钩，其形状和尺寸如图 10-3 所示。图中用双点划线表示弯钩展直后的长度，这个长度在备料时可用于计算所需要的钢筋总长度。各种直径的钢筋弯钩其换算长度见表 10-2，也可以通过计算得出。

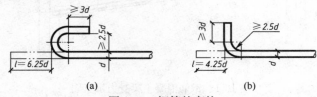

图 10-3　钢筋的弯钩

表 10-2　各种直径钢筋的 l 值

	6	6.5	8	9	10	12	16	19	20	22	24	25	26
$l=6.25d$	37.5	41	50	56	62.5	75	100	119	125	138	150	156	162
$l=4.25d$	25.5	27.6	34	38.3	42.5	51	68	80.8	85	93.5	102	106.3	110.5

对于图 10-3 所示标准形式的弯钩，在工程图中不必标注其详细尺寸。若弯钩或钢筋的弯曲是特殊设计的，则在图中必须另画详图表明其弯曲形状和尺寸。

三、钢筋的弯起

根据构件的受力要求，在布置钢筋时，有时需将构件下部的部分受力钢筋弯到上边去，这就是钢筋的弯起。在弯起钢筋的弯终点外应留有锚固长度，其长度在受拉区应不小于 $20d$，在受压区应不小于 $10d$。梁中弯起钢筋的弯起角 α 宜取 $45°$或 $60°$，如图 10-4 所示，板中如需将钢筋弯起时，可采用 $30°$角。

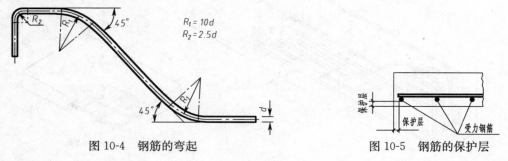

图 10-4　钢筋的弯起　　　　　　　　图 10-5　钢筋的保护层

四、钢筋的保护层

为了保护钢筋（防侵蚀、防火等）和保证钢筋与混凝土的黏结力，钢筋外边缘到混凝土表面应保留一定的厚度,此厚度称为钢筋的保护层,如图 10-5 所示。按建筑规范的要求,保护层的最小厚度如表 10-3 所示。对于按规定设置的保护层厚度,在工程图中可不用标注。

表 10-3　钢筋混凝土保护层的厚度

序号	项　目		保护层厚度(mm)
1	板、墙、壳	分布筋	10
		受力筋	15
2	梁和柱	受力筋	25
		箍筋	15
3	基础	受力筋　有垫层	35
		无垫层	70

第二节　钢筋布置图的特点

钢筋布置图也是采用正投影法绘制的,在图示方法和尺寸标注等方面有以下特点。

一、基本投影

图 10-6 为钢筋混凝土梁图。为了突出表达钢筋骨架在构件中的准确位置,假定混凝土是一个透明体,使构件内部的钢筋为可见。

作图时,将构件的外形轮廓线画成细实线,而将其内部的钢筋画成粗实线。按《建筑结构制图标准》(GB/T 50105—2001)的规定,一般钢筋的表示方法按表 10-4 的规定绘制。

表 10-4　一般钢筋的表示方法

序号	名　称	图　例	说　明
1	钢筋横断面	.	
2	无弯钩的钢筋端部	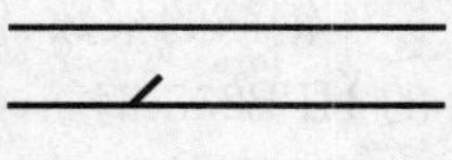	下图表示长短钢筋投影重叠时,可在短钢筋的端部用 45°短划线表示
3	带半圆形弯钩的钢筋端部		
4	带直钩的钢筋端部		
5	带丝扣的钢筋端部		
6	无弯钩的钢筋搭接		
7	带半圆弯钩的钢筋搭接		
8	带直钩的钢筋搭接		
9	套管接头(花篮螺丝)	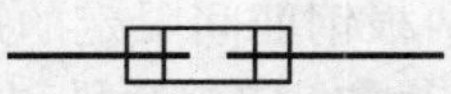	

钢筋布置图中所画的剖面图,主要是表达构件内钢筋的排列情况。**部面图的剖切位置应选在钢筋的变化处**,如图 10-6 中的 1—1 剖面、2—2 剖面。在剖面图中不画构件的材料符号,对横向剖到的钢筋画成黑圆点,未剖到的钢筋及构件的外形轮廓线,仍按规定线型绘制。

为了便于钢筋加工,应绘出各类钢筋的成型图(也称大样图),它表示各类钢筋的形状和尺寸。钢筋成型图一般画在基本投影图的下方,并与基本投影图中对应的钢筋对齐,如图10-6 所示。

二、钢筋的编号

在同一构件中,为了区分不同形状和尺寸的钢筋,应将其编号,以示区别。编号与标注的方法是:

(1)编号次序按钢筋的直径大小和钢筋的主次来分。如直径大的编在前面,直径小的编在后面;受力钢筋编在前面,箍筋、架立筋、分布筋等编在后面。如图 10-6 中①、②、③为受力筋,均编在前面,而④架立筋、⑤箍筋均编在后面。

(2)将钢筋编号填写在用细实线画的直径为 6~8 mm 的圆圈内,并用引出线引到相应的钢筋上,如图 10-7(a)所示。也可以在钢筋的引出线上加注字母"N"如图 10-7(c)所示。

(3)若有几种类型钢筋投影重合时,可以将几类钢筋的号码并列写出,如图 10-7(b)所示。

(4)如果钢筋数量很多,又相当密集,可采用表格法。即在用细实线画的表格内注写钢筋的编号,以表明图中与之对应的钢筋,如图 10-7(d)所示。

三、钢筋布置图中尺寸的标注

(一)构件外形尺寸

钢筋混凝土构件外形尺寸的注法,和一般的结构图中的尺寸注法一样。

(二)钢筋的尺寸

在基本投影图中,一般只标注出构件的外形尺寸及钢筋编号。而在剖面图中,除了标注构件的断面尺寸外,还在钢筋编号的引出线上标注钢筋的根数、钢筋等级代号和直径。如图10-6 中所示的①、2Φ16 表示 2 根直径为 16 mm 的 HPB235 钢筋,编号为①。

钢筋的成型图反映钢筋在结构中的形状,从图 10-6 可以看出,在钢筋成型图上标注的各段尺寸,就是钢筋的定形尺寸。成型图上的尺寸数字直接写在各段的旁边,不画尺寸线和尺寸界线。弯起钢筋的斜度用直角三角形注出,如图 10-6 中②、③的钢筋弯起尺寸,均用细实线画一直角三角形,在其直角边上注出水平长度 390,竖直长度 390(外皮尺寸),斜边长度 550。成型图的各段尺寸是钢筋中心线线段长度尺寸,而端部带标准弯钩的,则是到弯钩外皮的尺寸(箍筋一般注内皮尺寸)。在成型图的编号引出线上,还标注钢筋的根数、直径、钢筋的等级代号和总长度,如②号钢筋成型图中所注的 2Φ16,表示该构件有 2 根直径为 16 mm 的 HPB235 钢筋。引出线下面所注 $l=6\,440$,表示②号钢筋的全长为 6 440 mm。这是钢筋的设计长度,它是各段长度之和再加上两端标准弯钩的长度,即 $l=(390+250+550)\times2+3\,860+2\times6.25\times16=6\,440$ mm。

钢筋的定位尺寸一般标注在剖面图中,尺寸界线通过钢筋的断面中心。若钢筋的位置安排符合设计规范规定的保护层厚度,以及两根钢筋间限定的最小距离,则可以不注其定位尺寸,如图 10-6 中的 1—1、2—2 剖面图。对于按一定规律排列的钢筋,其定位尺寸常用注解形式写在引出线上,以表示钢筋的直径及相邻钢筋的中心距离。如图 10-6 的立面图中,"Φ6@

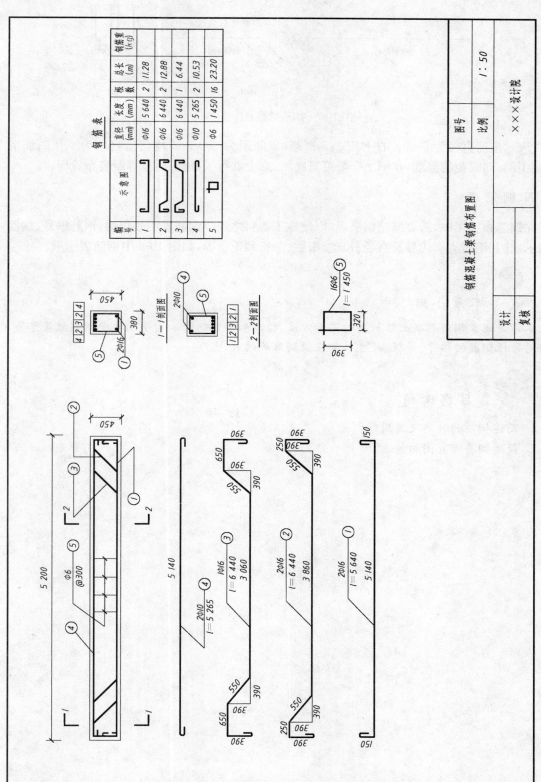

图 10-6　钢筋混凝土梁图

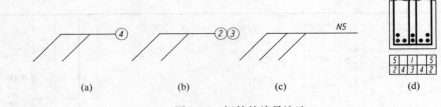

图 10-7　钢筋的编号注法

300"，表示箍筋直径为 6 mm 的 HPB235 钢筋，以间距为 300 mm 均匀排列。为了使图面清晰，同类型、同间距的箍筋，在图上一般可只画两、三个就行了，施工时按等距离布置即可。

四、钢 筋 表

在钢筋布置图中，需要编制钢筋表，以便施工备料之用。钢筋表一般包括：钢筋编号、钢筋成型示意图、钢筋类别代号及直径、长度、根数、总长和重量等，如图 10-6 中钢筋表所示。

本章小结

本章讲述了钢筋混凝土结构图的图示方法、特点和绘制规则。由于构件中钢筋配置繁杂，所以对每根钢筋的编号、等级、尺寸等都应做到准确的表达。

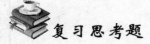

复习思考题

1. 简述钢筋的种类及其用途。
2. 简述钢筋布置图的特点。

第十一章 建筑施工图

 本章描述

　　本章简要介绍房屋的主要组成部分及其作用、房屋建筑工程图的分类及其主要内容。重点讲述了建筑施工图中的总平面图以及建筑平、立、剖面图的形成、图示特点、画图步骤与识读方法。同时还介绍了建筑详图的绘制和识读方法。

 拟实现的教学目标

　　1.能力目标

　　能够绘制建筑平、立、剖面图,具备正确识读总平面图和建筑平、立、剖面图及建筑详图的能力。

　　2.知识目标

　　了解房屋的主要组成部分及其作用,房屋建筑工程图的分类及其主要内容,了解建筑总平面图以及建筑平、立、剖面图、建筑详图的形成和图示特点,了解常见图例和符号的含义。掌握建筑总平面图、建筑平面图、立面图、剖面图、建筑详图的绘制和识读方法。了解一幢大楼是如何利用图样将其造型、构造、尺寸、材料以及细部做法表达清楚的。

　　3.素质目标

　　培养学生热爱专业,养成认真、细致、一丝不苟的工作作风和对本职工作高度负责的精神。

第一节 概 述

一、房屋的主要组成部分及其作用

　　每一幢房屋在使用功能、外形大小、平面布局以及材料和做法等方面都有各自的特点。通常将其划分为:工业建筑(如厂房、仓库、动力间等)、农业建筑(如谷仓、饲料场、拖拉机站等)以及民用建筑。民用建筑又可分为居住建筑和公共建筑。各种房屋的使用要求、空间组合、外形处理、结构形式、规模大小各有不同,但基本上都是由基础、墙(或柱)、楼面、屋面、楼梯、门窗以及台阶、散水、阳台、雨篷、雨水管、勒脚等组成。

　　图 11-1 为某招待所的示意图,这幢房屋是钢筋混凝土构件和砖墙承重混合结构。屋顶和外墙构成了整个房屋的外壳,用来防止雨雪、风沙对房屋的侵袭,是房屋的围护结构;楼面承受人、家俱、设备的重量,而且还起分隔上、下层的作用;墙(或柱)要承受风力和上部荷载,这些荷载及自重都要通过基础传到地基上。屋面、楼面、墙(或柱)、基础等共同组成了房屋的承重系统。

　　内墙把房屋内部分隔成不同用途、不同大小的房间及走廊,起分隔作用,有的还承重;楼梯是室内上下垂直交通联系的结构;门除了起到沟通室内外房间的交通联系外,还和窗一样有采光和通风的功能。

　　天沟、落水管、散水等起排水作用。

　　墙裙、踢脚、勒脚起保护墙身、增强美观的作用。

二、房屋建筑工程图的分类及其主要内容

　　要建造一幢房屋，必须根据使用要求、规模大小、投资情况、材料供应及施工条件等进行设计。

　　学习房屋建筑工程图，主要是研究阅读和绘制房屋施工图，因为它是房屋设计工作的最后成果，也是进行工程施工的依据。

　　一套房屋施工图，根据其内容和作用的不同，可分为如下几种。

　　1. 建筑施工图（简称"建施"）

　　(1)首页图，包括图纸的目录和设计总说明。简单的图纸可以省略。

　　(2)总平面图，用以表示新建工程所在位置的总平面布局。

　　(3)建筑平面图，用以表示房屋的平面形状和内部布局。

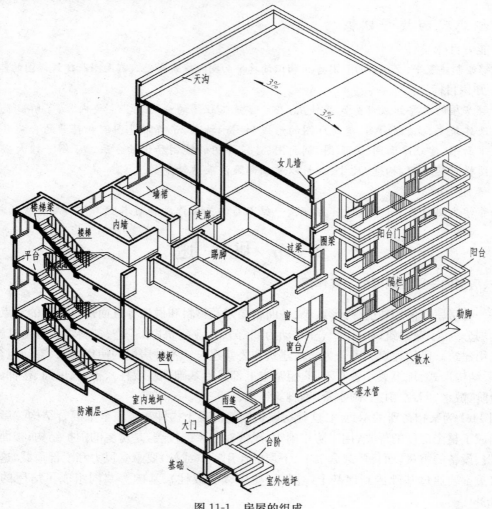

图 11-1　房屋的组成

　　(4)建筑立面图，用以表示房屋的外貌及外部装修。

(5)建筑剖面图,用以表示房屋的内部分层、结构形式、构造做法。

(6)建筑详图,用以表示建筑物的局部构造情况。

2.结构施工图(简称"结施")

(1)结构设计总说明,包括设计依据、建筑材料及施工要求等。

(2)结构平面布置图,①基础平面图,用以表示墙基础、柱基础及其预留洞等的平面布置情况;②楼层结构平面布置图,用以表示各层的承重构件(如梁、板、柱、门窗过梁、圈梁等)的平面布置情况。

(3)构件详图,用以表示各种构件(如基础、梁、板、柱等)的形状、大小、材料、构造等情况的图样。一般构件详图用较大的比例单独画出。

3.设备施工图(简称"设施")

(1)给水、排水施工图;

(2)采暖、通风施工图;

(3)电气、照明施工图。

三、房屋建筑工程图的特点

房屋施工图除了要符合正投影原理、剖面、断面图的基本图示方法,严格遵守第二章所介绍的基本制图标准外,还应注意有关专业的制图标准及规定。与房屋建筑有关的制图标准包括:《房屋建筑制图统一标准》(GB/T 50001—2001)、《总图制图标准》(GB/T 50103—2001)、《建筑制图标准》(GB/T 50104—2001)、《建筑结构制图标准》(GB/T 50105—2001)、《给水排水制图标准》(GB/T 50106—2001)、《暖通空调制图标准》(GB/T 50114—2001)。

1.比例

由于房屋的体形较大,故其施工图一般都采用缩小比例绘制。绘制时应根据图样的用途及复杂程度,选用表 11-1 中所列的常用比例。

表 11-1　建筑专业制图选用的比例

图　名	比　例
建筑物或构筑物的平面图、立面图、剖面图	1∶50、1∶100、1∶100、1∶200、1∶300
建筑物或构筑物的局部放大图	1∶10、1∶20、1∶25、1∶30、1∶50
配件及构件详图	1∶1、1∶2、1∶5、1∶10、1∶10、1∶20、1∶25、1∶30、1∶50

2.图例

建筑物、构筑物或设备是按比例缩小绘制的,因此,对一些建筑细部、构配件外形及建筑材料往往不能如实画出,在图样中采用统一规定的图例及代号,从而可以得到简单明了的图示效果。

3.符号

为了使图纸简明、清晰、便于查阅,在房屋施工图中,对于图样中的某些局部或构配件,如需另见详图,则应标以索引符号。如在平面图、立面图及剖面图中,常用索引符号注明已画详图的位置、详图的编号以及该详图所在图纸的编号。

第二节　施工总说明及建筑总平面图

一、施工总说明

施工总说明,主要说明设计的依据、施工要求及不需画图而又必须说明的事项。对于一些构造的用料、做法等,也可作一些具体的文字说明,以便施工人员对工程结构、构造和整体技术要求有一个概括的了解。施工总说明一般和图纸目录、建筑总平面图、门窗表等共同构成建筑施工图的首页,也称首页图,如图 11-2 所示。

二、建筑总平面图

(一)建筑总平面图的特点

在画有等高线或坐标方格网的地形图上,画上原有和拟建房屋的轮廓线,即为建筑总平面图,如图 11-3 所示。它表明新建房屋所在范围内的总体布置,反映出新建房屋、构筑物等的平面形状、位置、朝向以及它与周围地形、地物的关系。

建筑总平面图是新建房屋及其设施施工定位,土方施工和绘制水、暖、电等管线总平面图和施工总平面图的依据。

因建筑总平面图所包括的范围较大,所以,绘制时都用较小的比例(如 1:2000、1:1000、1:500)。在总平面图中常用图例表明新建区、扩建区及改造区的总体布置,表明各建筑物、构筑物的位置,表明道路、广场及绿化等的布置情况,以及各建筑物的层数等。其所用图例均按《总图制图标准》(GB/T 50103—2001)中所规定的图例,如表 11-2 所示。若需要增加新的图例,则必须在总平面图中绘制清楚,并注明名称。

一、图纸目录		三、材料做法			
图号	图 名	名称	用料做法	名称	用料做法
建施一 1	首页图	地面	(1)素土夯实; (2)70 厚水泥炉渣压实; (3)50 厚 C15 混凝土; (4)30 厚水泥砂浆(卫生间做 10 厚水磨石面层)。	外墙	20 厚 1:1:6 混合砂浆打底后,做成浅绿色水刷石面层。
2	总平面图				
3	建筑平面图[底层平面图、二(三)层平面图、四层平面图]			墙裙	卫生间做 25 厚 1200 高普通水磨石墙裙。
4	建筑立面图(①—⑦立面图、⑦—①立面图)	楼面	(1)120 厚预应力空心板; (2)15 厚 1:3 水泥砂浆找平; (3)25 厚细石混凝土加 7%氧化铁红。	楼顶层	楼层顶用 10 厚水泥、石灰共砂打底,纸浆灰粉面刷白二度。四楼会议室顶为木板条吊顶,并涂三遍防火涂料。
5	建筑剖面图(1—1 剖面图、2—2 剖面图)				
6	外墙剖面节点详图、门窗详图	踢脚板	室内做 25 厚 1:2 水泥砂浆打底,暗红色踢脚板。	基础	70 厚 C10 混凝土垫层;条形基础 C15 混凝土;柱基础 C20 混凝土。
7	楼梯平面图、楼梯剖面图				
结施一 1	基础平面图、基础详图	屋面	(1)120 厚预应力空心板 铺成 1:30 的坡度; (2)40 厚 C20 混凝土,φ⁴4 双向筋@200; (3)60 厚 1:6 水泥炉渣隔热层; (4)20 厚水泥砂浆刷冷底子油; (5)二毡三油洒绿豆砂。	装饰	(1)阳台及雨篷用白色菱格瓷砖和深绿色瓷砖贴面。 (2)白色水泥浆引条线。 (3)窗台用 1:2.5 水泥砂浆刷后,用白水泥加 107 胶刷白; (4)楼梯 30 厚普通水磨石面层,黑色水磨石踢脚,紫色马赛克防滑条。
2	二层结构平面布置图				
3	钢筋混凝土结构详图(L1 详图)				
4	钢筋混凝土柱详图				
5	楼梯结构平面图				
6	楼梯结构剖面图				
设施一 1	给、排水管平面布置图	内墙	20 厚 1:2.5 石灰砂浆打底,纸浆灰粉面,刷白二度后加奶黄色涂料,至窗口做 50 宽栗色木挂镜线。		
2	给、排水管网轴测图				

二、施工说明

(1)施工放线按总平面图中所示之施工坐标或按总平面图所示之尺寸放线。
(2)设计标高±0.000 相当于绝对标高46.20m。
(3)预应力钢筋混凝土空心板,构件编号采用天津市结构构件通用图集。
(4)落水管采用φ100 铸铁落水管。
(5)防潮层以上墙体用 MU10 机制砖,M5混合砂浆砌筑。基础用 MU10 机制砖,M7.5 混合砂浆砌筑。室内地面下30mm墙身处,设有60mm厚钢筋混凝土防潮层。

××学校招待所 首页图		图 号	建施－1
设计			
复核		× × × 设计院	

图 11-2　首页图

　　新建建筑物一般要根据原有的房屋或道路来定位,也可采用坐标定位。坐标定位法有两种,一种是测量坐标定位,在地形图上绘制测量坐标方格,纵坐标为 X,横坐标为 Y;一种是建筑坐标定位,在总平面图上绘制方格,方格大小一般是 100 m×100 m,纵坐标为 A,横坐标为 B。另外在总平面图中,常用等高线来表示地面的自然起伏状态。

　　(二)建筑总平面图的识读

　　图 11-3 为某校招待所的总平面图。读时注意:

　　(1)先看标题栏,了解工程的名称及其绘图比例。图 11-3 所采用的绘图比例为 1∶500。图中用粗实线画出了该招待所底层的平面轮廓图形,用细实线画出了原有建筑物的平面图形,如食堂、浴室、教学楼等。在平面图形内的右上角,用小黑点数表示房屋的层数。

　　(2)明确拟建房屋的位置和朝向。为了保证房屋在复杂地形中定位放线准确,总平面图中常用坐标表示房屋的位置。如果总平面图中没有坐标方格网,则可根据已建房屋或道路定位。本图注出了两种定位方法。

　　总平面图中的风向频率玫瑰图(有时也单独画出指北针),可以确定房屋的朝向,如该招待所为西南朝向。由风向频率玫瑰图可知,该地区的常年风向为西北风和东南风。

　　(3)从总平面图中,还可以了解该地区的道路和绿化现状及规划情况。

　　(4)在总平面图中,有时还画出给排水、采暖、电气等管网的情况,此外要注意看清各种管网的走向、位置,并注意到它们对施工的影响。

表 11-2　总平面图例

序号	名称	图　例	说明	序号	名称	图　例	说明
1	新建的建筑物	 (矩形,内含 6,下方有黑三角)	1. 用▲表示建筑物出入口 2. 需要时可在图形内右上角以点数或数字(高层宜用数字)表示层数 3. 用粗实线表示	7	建筑物下面通道	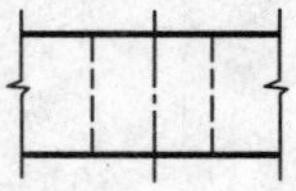 (矩形带虚线)	
2	原有的建筑物	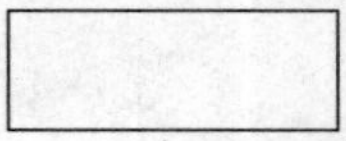 (细实线矩形)	1. 应注明拟利用者 2. 用细实线表示	8	计划扩建的预留地或建筑物	(中粗虚线矩形)	用中粗虚线表示
3	坐标	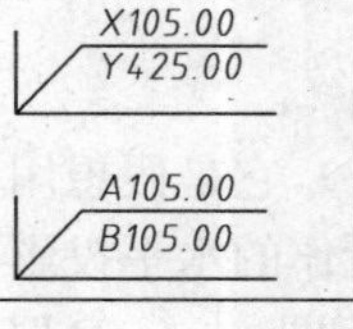 X105.00 Y425.00 / A105.00 B105.00	上图表示测量坐标 下图表示建筑坐标	9	花卉		
				10	草地	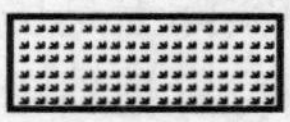	
4	填土边坡	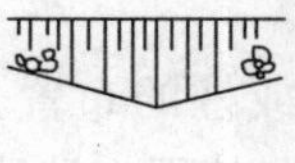	1. 边坡较长时,可在一端或两端局部表示 2. 下边线为虚线时表示填方	11	指北针	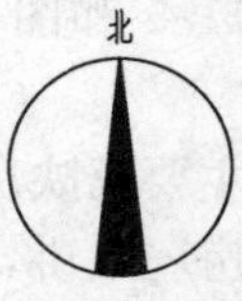 (圆内指北针,北)	1. 圆的直径宜为 24 mm,用细实线绘制 2. 指北针尾部宽度宜为 3 mm
5	室内标高	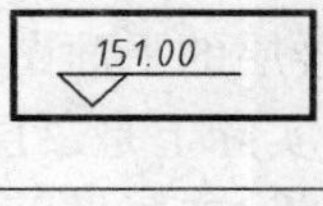 151.00	1. 标高符号为等腰直角三角形,细实线绘制	12	风向频率玫瑰图	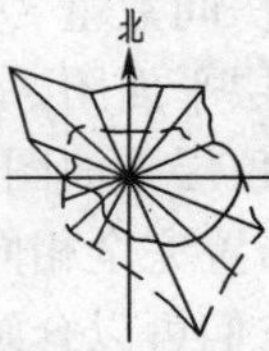 (玫瑰图,北)	虚线为夏季风
6	室外标高	▼143.00	2. 等腰直角三角形				

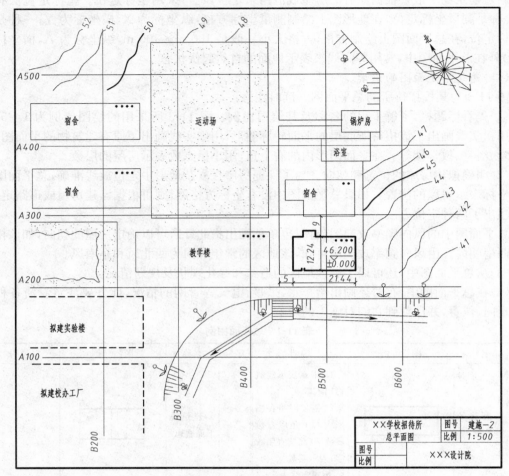

图 11-3　总平面图

第三节　建筑平面图

一、建筑平面图的形成

　　建筑平面图实际上是房屋的水平剖面图(屋顶平面图除外)，它是假想用一水平剖切平面，沿略高于窗台的位置把整幢房屋剖开，对剖切平面以下部分所作的水平投影，简称平面图。

　　图 11-4、图 11-5 和图 11-6 即为某校招待所的底层平面图、二(三)层平面图和四层平面图。

　　建筑平面图主要反映房屋的平面形状、大小和房间布置，墙或柱的布置、门窗位置及开启方向等。对多层房屋来讲，房屋有几层就应画出几个平面图，并在其下方注明相应的图名。但如果上下各层的房间数量、大小和布置都一样时，则相同的楼层可共用一个平面图来表示，该平面图称为标准层平面图。因此，多层房屋至少需要画出三个楼层的平面图，即底层平面图、标准层平面图和顶层平面图。图 11-5 所示的二(三)层平面图，实际上是二层平面图，但由于二、三层的内部布置完全相同，只是二层平面图要画出进口处雨篷，三层平面图则无需画出此雨篷的投影，故它们可以合画为一个共同的平面图。二(三)层平面图即为标准层平面图。

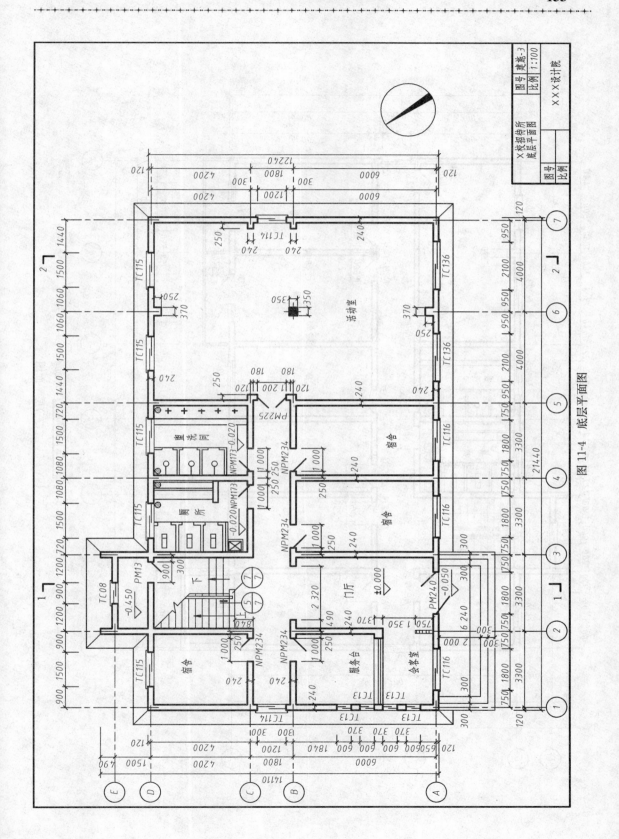

图 11-4 底层平面图

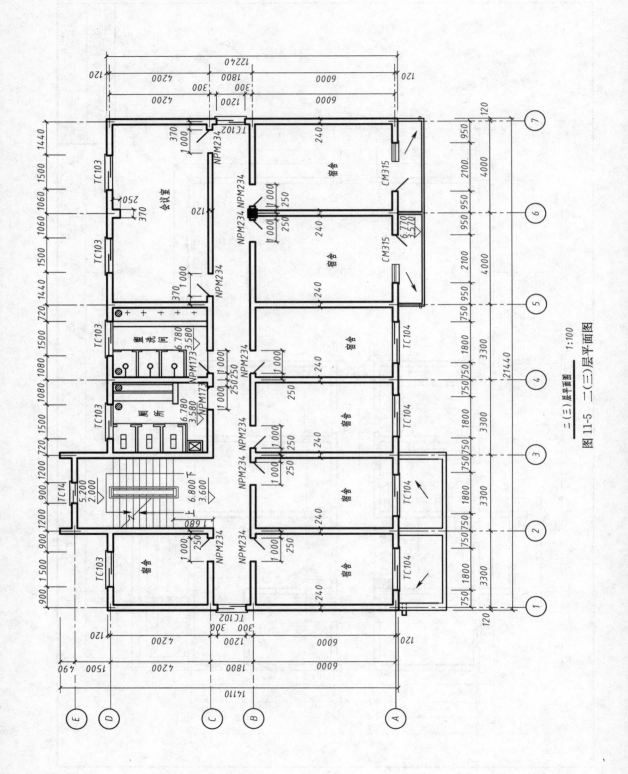

图 11-5　二(三)层平面图

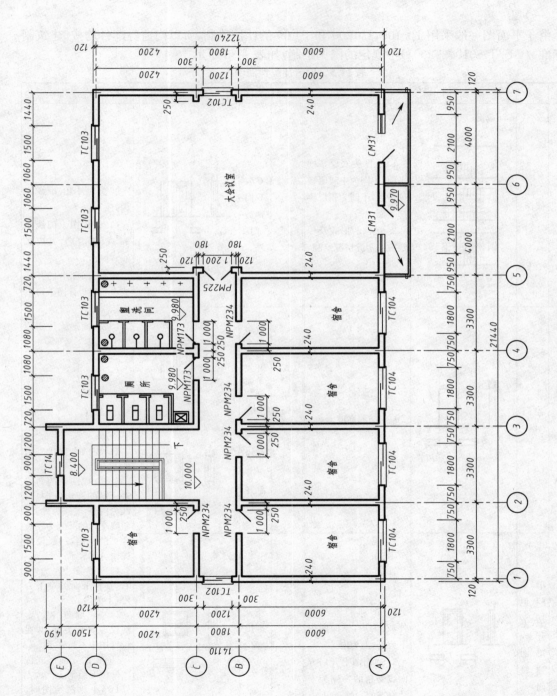

图 11-6　四层平面图

当屋顶结构复杂时,还需绘制屋顶平面图。

二、建筑平面图的图示特点

(一)图 例

由于平面图一般采用 1：100,1：200 和 1：50 的比例绘制,所以门窗等配件均按《建筑制图标准》(GB/T 50104—2001)中规定的图例绘制,如表 11-3 所示。

表 11-3　构造及配件图例

序号	名称	图 例	说 明	序号	名称	图 例	说 明
1	楼梯		1. 上图为底层楼梯平面,中图为中间层楼梯平面,下图为顶层楼梯平面。 2. 楼梯的形式及步数应按实际情况绘制	4	双扇双面弹簧门		实线为外开,虚线为内开 (1)平面图上门线应90°或 45°开启,开启弧线宜画出 (2)立面图上的开启线在一般设计图上可不表示 (3)立面形式按实际情况绘制
2	空门洞	$h=$	h 为门洞高度	5	双扇门(包括平开或单面弹簧门)	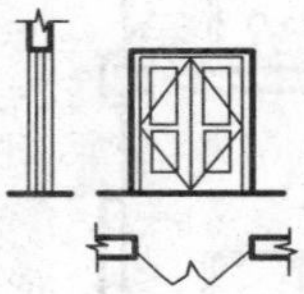	
				6	单层外开平开窗	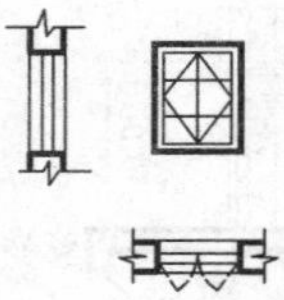	(1)窗的名称代号用 C 表示。 (2)立面图中的斜线表示窗的开启方向,虚线为内开,实线为外开。斜线交角的一侧为安装合页的一侧,一般设计图中可不表示。 (3)剖面图中左为外,右为内,平面图中下为外,上为内。 (4)平、剖面图上,虚线仅说明开关方式,在设计图中不需表示。 (5)窗的立面形式按实际情况绘制。 (6)小比例绘图时,平、剖面图的窗线可用单粗实线表示
3	单扇门(包括平开或单面弹簧门)		1. 门的名称代号用 M 表示。 2. 剖面图中左为外,右为内,平面图中下为外,上为内。 3. 立面图上开启方向线交角的一侧为安装合页的一侧	7	推拉窗	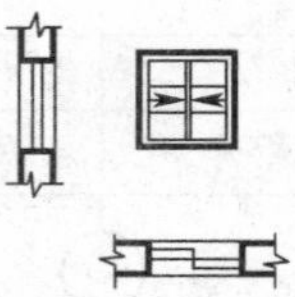	

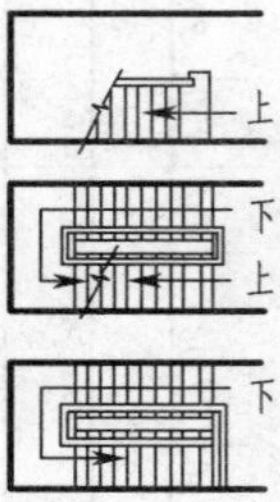

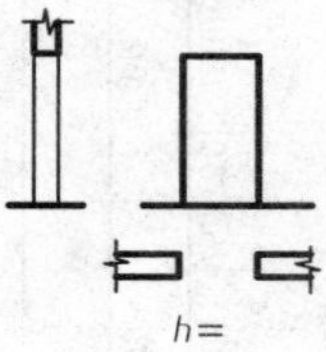

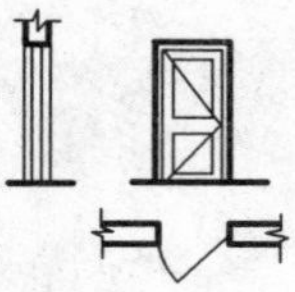

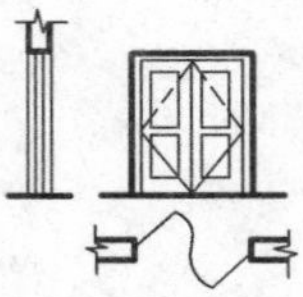

（二）图　　线

在一般建筑的平面图中,剖到的砖墙不画材料图例,其粉刷层也不画出。被剖到的墙、柱的断面轮廓线用粗实线(b)画出,没被剖到的可见轮廓线,如窗台、台阶、楼梯段等突出部分及门的开启线($45°$斜线),均用中粗线($0.5b$)画出。其余图线如尺寸线、标高符号、定位轴线的圆圈、图例线等,均用细实线($0.25b$)画出,定位轴线用细点划线($0.25b$)画出。

（三）定位轴线及其编号

所谓定位轴线,就是确定建筑物结构或构件位置的基准线,是建筑施工中定位、放线的重要依据。对墙、柱等主要承重构件都应画出定位轴线并进行编号,非承重的隔墙及次要的局部承重构件,一般用附加定位轴线注明其位置。

平面图上定位轴线的编号,宜标注在下方及左侧。横向编号用阿拉伯数字,从左至右顺序编写。竖向编号用大写拉丁字母,从下至上顺序编写。注意拉丁字母中的 I、O、Z 不得作为轴线编号,以免与数字 1、0、2 混淆。如图 11-7 所示。

两根轴线之间如需附加轴线时,则编号应用分数形式表示。分母表示前一轴线的编号,分子表示附加轴线的编号,附加编号宜用阿拉伯数字顺序编写,如:

⑴ₐ表示 1 号轴线之后附加的第一根轴线;

Ⓐₐ表示 A 号轴线之后附加的第一根轴线。

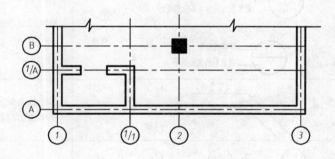

图 11-7　定位轴线及编号

（四）详图和索引符号

对某些局部的构造或做法,如需另见详图时,在平面图中可采用详图索引符号,如表 11-4 所示。

三、建筑平面图的内容及阅读方法

以图 11-4 底层平面图为例,说明建筑平面图的内容及其阅读方法。

(1)读标题栏:从图名可以了解该图是某校招待所的底层平面图,绘图比例为 1∶100。

(2)朝向。通常在底层平面图外画一指北针符号,由图可知该房屋的朝向为西南向。

(3)从平面图中可知该招待所的平面形状为长方形,总长为 21.44 m,总宽为 14.11 m,占地面积约 302 m²。

(4)从底层平面图中可知该房屋的底层平面布局。招待所的大门在南面左侧,门厅中有服务台、会客室。门厅对面是楼梯间,楼梯为双跑式楼梯。楼梯段的投影是按表 11-3 所示图例绘制的,其梯级数均为实际级数。在楼梯间东侧下 3 级台阶通向储藏室。楼梯间右侧为厕所及盥洗间,走廊东端为活动室。

表 11-4　索引符号与详图符号

<table>
<tr><th colspan="2">名称</th><th>符　　号</th><th>说　　明</th></tr>
<tr><td rowspan="2">详图的索引标志</td><td>详图索引符号</td><td>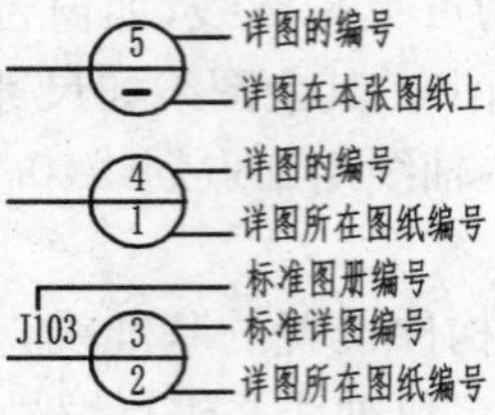
5
详图的编号
详图在本张图纸上
4
1
详图的编号
详图所在图纸编号
J103
3
2
标准图册编号
标准详图编号
详图所在图纸编号</td><td>细实线单圆圈，直径 10 mm，引出线通过圆心</td></tr>
<tr><td>局部剖面详图的索引符号</td><td>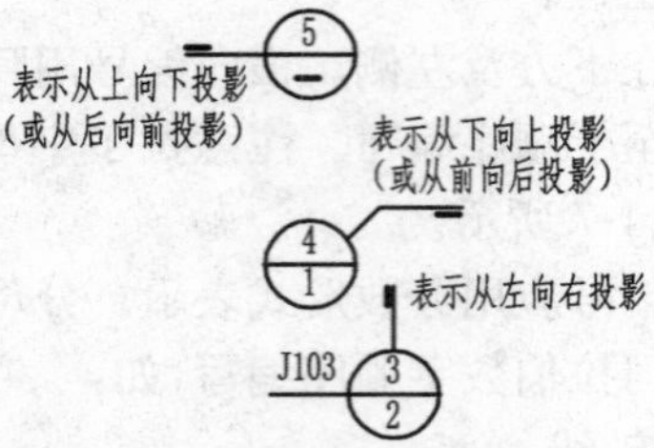
5
表示从上向下投影
(或从后向前投影)
表示从下向上投影
(或从前向后投影)
4
1
表示从左向右投影
J103
3
2</td><td>1. 细实线单圆圈，直径 10 mm。
2. 粗实线表示剖切位置，引出线所在的一侧应为投影方向</td></tr>
<tr><td>详图的标志</td><td></td><td>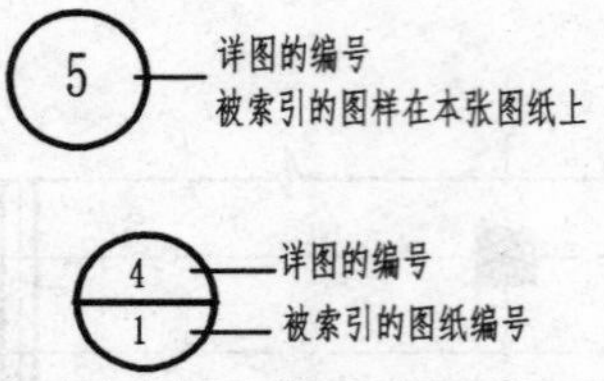
5
详图的编号
被索引的图样在本张图纸上
4
1
详图的编号
被索引的图纸编号</td><td>粗实线单圆圈，直径 14 mm</td></tr>
<tr><td rowspan="4">引出线图例</td><td></td><td>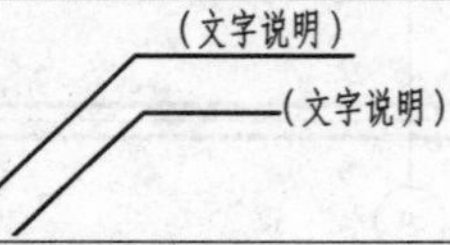
(文字说明)
(文字说明)</td><td>引出线为细实线。
文字说明写在横线上方或端部</td></tr>
<tr><td></td><td>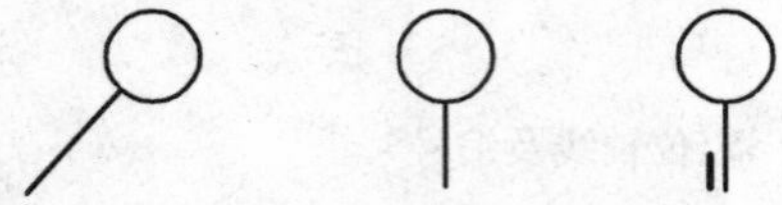</td><td>索引详图中引出线应对准索引符号的圆心</td></tr>
<tr><td></td><td>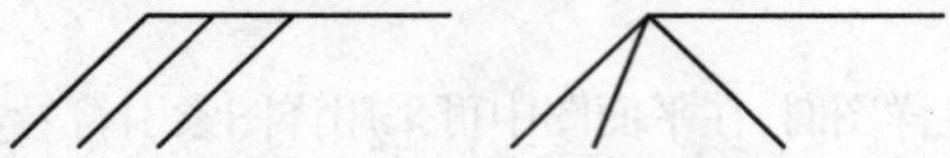</td><td>共用引出线</td></tr>
<tr><td></td><td>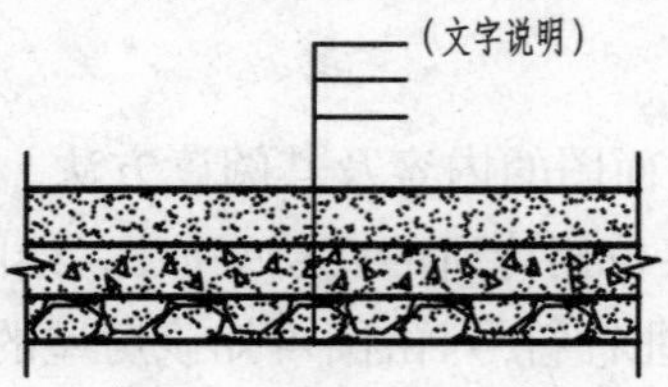
(文字说明)</td><td>多层构造引出线。
说明的顺序应与被说明的层次相互一致</td></tr>
</table>

(5)了解该房屋的门窗种类和数量。一般在平面图或首页图中，都附有该房屋的门窗表。图、表对照阅读，可以了解该幢房屋的门窗布置及其种类和数量，如表 11-5 所示。门的代号为 M，窗的代号为 C，而 TM 为推拉门代号，TC 为推拉窗代号，PM 为外平开门代号，NPM 为内平开门代号，CM 为联窗门代号，这些门窗均选自天津市工程建设《PVC 塑料门窗》标准设计图集。

(6)从图中定位轴线的编号及其间距,可以了解到各承重构件的位置和房间的开间、进深。图 11-4 中对房屋的墙、柱等主要承重构件,都画出了定位轴线,并进行了编号。

(7)在平面图上注有外部尺寸和内部尺寸:

① 外部有三道尺寸。第一道尺寸表示房屋的总长、总宽,如招待所的总长为 21.44 m,总宽为 14.11 m。第二道尺寸表示轴线之间的距离,用以说明房间的开间和进深,如图所示招待所房间的开间为 3.30 m,南边房间的进深为 6.00 m,北边房间的进深为 4.20 m。第三道尺寸表示各细部的位置及大小,如门窗洞宽和位置,标注这道尺寸时,应与轴线联系起来。

② 内部尺寸。内部尺寸应注明室内门窗洞、墙厚和一些固定设备(如厕所、盥洗台)的大小及位置,楼地面的标高等。

室内楼地面标高系相对标高,即以底层地面标高为零点(±0.000)计。在建筑施工图中,标高数值一般注至小数点后三位数字。

(8)剖切符号及详图索引符号。

在底层平面图中要画出剖面图的剖切符号,如 1—1、2—2 等,以表示剖切位置及投影方向。

对某些局部的构造或做法,如需另见详图时,在平面图中可采用详图索引符号。如该招待所的楼梯构件等,均采用了详图索引符号。详图索引符号的画法及其意义如表 11-4 所示。

(9)从图中还可以了解其他细部,如室外的台阶、雨篷、阳台、明沟及雨水管等的布置情况。

表 11-5　门 窗 表

| 编号 | 洞口尺寸 | | 数量 | | | | 合　计 |
	宽度	高度	一层	二层	三层	四层	
TC10	900	1 200		1	1	1	3
TC103	1 000	1 800		5	5	5	15
TC102	1 200	1 800		2	2	2	6
TC104	1 800	1 800		4	4	4	12
TC08	900	900	1				1
TC110	1 000	2 100	5				5
TC116	1 800	2 100	3				3
TC136	2 100	2 100	2				2
TC13	600	1 200	4				4
TC114	1 200	2 100	2				2
CM31	2 100	2 700		2		2	6
PM13	900	2 100	1				1
NPM234	1 000	2 700	4	9	9	5	27
NPM173	1 000	2 100	2	2	2	2	8
NPM225	1 200	2 700	1			1	2
PM240	1 800	2 700	1				1

四、绘制建筑平面图的方法和步骤

(1)选择合适的比例。在保证图样能清晰地表达其内容的情况下,根据房屋的总长、总宽和施工要求,选择适当的比例。本图采用 1:100 的比例进行绘制。

(2)合理布置图面。根据所选择的绘图比例,大体估计一下所画图样的大小,并预留出标注尺寸、注写轴线编号和画标题栏所需的位置,将平面图布置在图框内的适当位置,应注意平面图的长边宜与横式图幅的长边一致。如考虑平面图、立面图、剖面图安排在同一张图纸时,则平面图应布置在左下角,并与立面图、剖面图保持长对正、宽相等的关系。

若在同一张图纸上绘制多于一层的平面图时,各层平面图宜按层次顺序,从左至右或从下至上布置。

(3)绘制平面图。现以图 11-4 为例,说明平面图的画法和步骤。

图 11-8～图 11-10 示出了平面图的画法和步骤。

为了使平面图中的三道尺寸标注清晰、准确,在标注尺寸时应遵守国家标准的有关规定。

平面图中的定位轴线,只须伸进墙内 5～10 mm,柱的轴线应穿过断面。定位轴线编号圆圈要排列整齐,如图 11-10 所示。

(4)经检查无误后,可按要求加深图线,画尺寸起止符号、注写尺寸数字,并填写标题栏等,如图 11-4 所示。

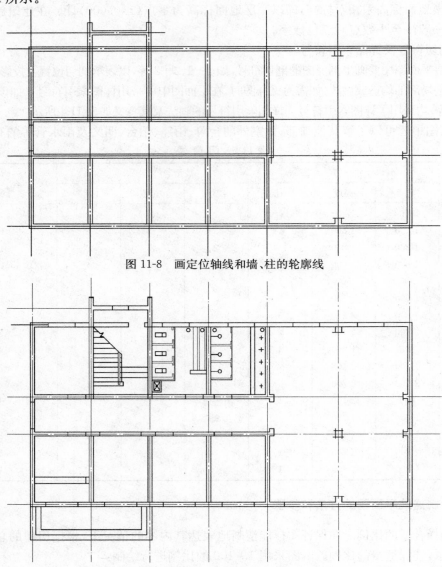

图 11-8　画定位轴线和墙、柱的轮廓线

图 11-9　以定位轴线为基准、画门窗洞口及建筑细部

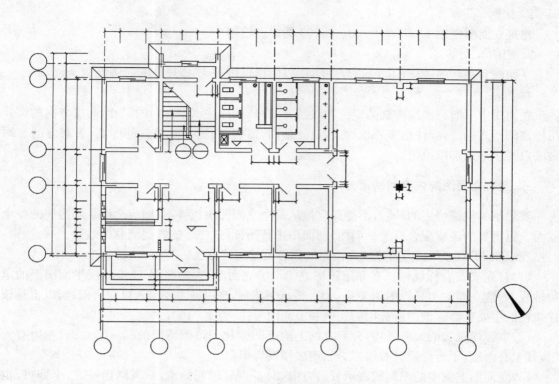

图 11-10　检查底图,擦去作图线,画出门窗图例、尺寸线、定位轴线圆圈及指北针

第四节　建筑立面图

一、建筑立面图的形成

　　房屋各立面的正投影图称为建筑立面图,简称立面图。立面图中不画虚线。

　　一幢房屋,凡外貌不同的立面均应绘制立面图,以表示该立面的外貌及外部装修情况。各立面图的命名,按国家标准规定,对有定位轴线的建筑物,宜根据两端定位轴线编号命名,如图 11-11 所示①—⑦立面图、图 11-12 所示⑦—①立面图等。无定位轴线的建筑物,可按房屋朝向命名,如南立面图、北立面图等。

　　如果房屋的某一立面既无门窗又无特殊装饰,则该立面图可省略不画,相同的立面可画一个立面图作为代表。若房屋左右对称时,立面图可各画一半,中间用对称符号分开,也可以单独画一半,并在对称轴线处画一对称符号。

二、建筑立面图的图示特点

1. 图线

　　为了加强图面效果,使外形清晰、重点突出、层次分明,在立面图上常选用不同粗细的图线绘制。通常把房屋立面的最外轮廓线画成粗实线(b),室外地坪线为特粗线($1.4b$),门窗洞、台阶、雨篷、阳台及立面上其他突出部位的轮廓线,画成中粗线($0.5b$)。门窗扇、雨水管、墙面分格线(包括引条线)、栏杆等,用细实线($0.25b$)。

2. 比例

建筑立面图常用 1：50、1：100、1：200 的比例绘制

3. 图例

立面图和平面图一样，由于比例较小，所以门窗也按表 11-3 规定的图例绘制。

4. 标注

立面图中一般只画出两端的定位轴线及其编号，不标注水平方向的尺寸，高度方向的尺寸用标高的形式标注，应注出室外地坪、入口处地面、窗台、门窗顶及檐口的标高，各部分的装饰做法以文字形式加以说明。

三、建筑立面图的内容和阅读方法

要想了解整幢房屋的外貌，不能孤立地从一个立面图中找答案，而应全面了解房屋的各个立面。更重要的还应配合有关平面图、剖面图进行阅读，这样才能收到满意的效果。

现以图 11-11 为例，说明建筑立面图的内容及其阅读方法。

(1)首先要查看标题栏。在知道该图是①—⑦立面后，再对照图 11-4 底层平面图上的定位轴线，弄清立面图和平面图的关系。①—⑦立面图是该房屋主要出入口的一面，所以也是该建筑物的主要立面。该图所选用的比例和平面图一样，为 1：100。

(2)掌握建筑物的大概外貌，分清立面上的凸凹变化。该招待所的①—⑦立面，左边有大门，其上有雨篷，下有台阶。右边二、三、四层楼设有阳台。

(3)立面图上窗中的细斜线表示开启方向，对于型号相同的窗，只需画出一、二个即可，也可不画，门的开启方向，在平面图中已经表示清楚，立面图中不需表示。

门窗的位置、型号及数量可对照平面图识读。图 11-4 底层平面图中，南面有窗 5 樘，双扇推拉门一樘。

(4)了解墙面及各部位的做法，并与首页图核对。该房屋的墙面、窗台、阳台等部位，均在引出线上用文字说明了其材料和做法。

(5)立面图上的高度尺寸主要用标高的形式标注，阅读时最好与剖面图对照，以便互相核对。立面图上所注的标高中，除板底、门窗洞口为毛面标高外，其余部位均为完成面的标高，即建筑标高。

四、建筑立面图的画法

1. 分析

画建筑立面图时，首先应考虑该建筑物需画几个立面图。通过分析该招待所可知，东西两个侧立面外貌简单，不同之处是，西立面多了四个窗，所以在绘制时，只需画出西立面(即Ⓔ—Ⓐ立面)图即可。南北立面的外貌比较复杂，两个立面图都应绘制。

2. 画立面图

以图 11-11 所示①—⑦立面图为例，说明立面图的绘制方法与步骤。图 11-13～图 11-15 给出了立面图的画法。

(1)画室外地坪线及外墙轴线，定出房屋的最外轮廓线。根据各部位的标高，画出阳台、雨篷、门窗洞及台阶的水平位置线。

(2)参阅平面图，画出阳台、雨篷、门窗洞及台阶。

(3)画建筑细部，如门窗图例、窗台引条线、落水管等，检查底图，按要求画出标高尺寸线及标高符号。

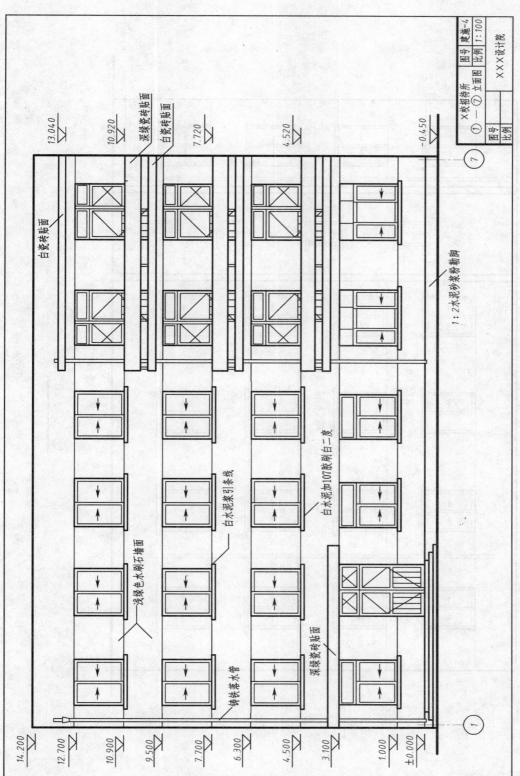

图 11-11　①—⑦立面图

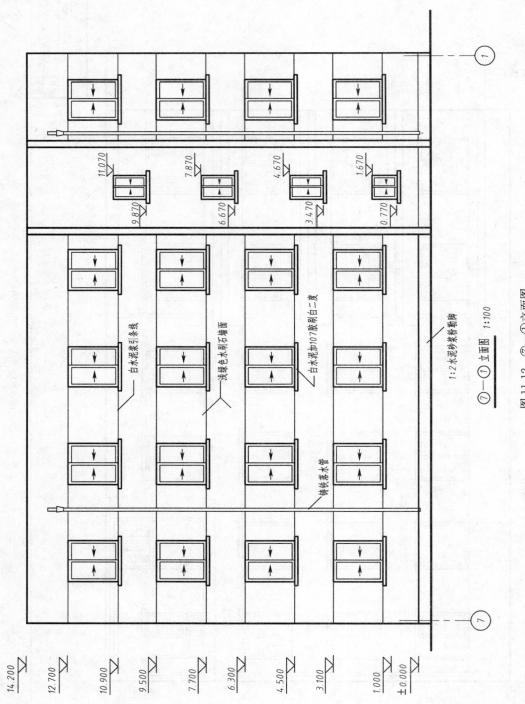

白水泥浆引条线

浅绿色水刷石墙面

白水泥加107胶刷白二度

铸铁落水管

1:2水泥砂浆粉刷勒脚

⑦—①立面图 1:100

⑦—①立面图

图 11-12 ⑦—①立面图

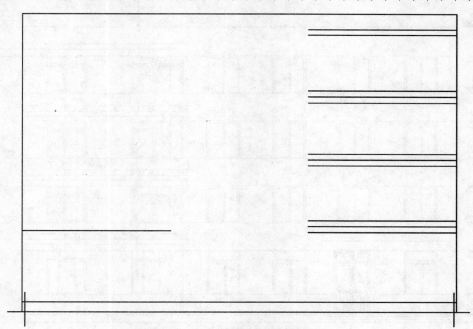

图 11-13　立面图的画法和步骤(一)

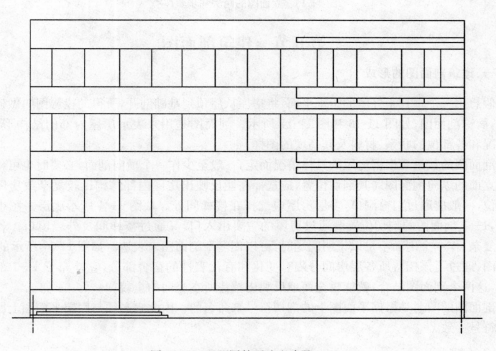

图 11-14　立面图的画法和步骤(二)

　　在立面图上一般不注大小尺寸,只注主要部位的相对标高尺寸。若房屋立面左右对称时,一般注在左侧,不对称时左右两侧均需标注。立面图上的标高一般注在图形之外,要求符号大小一致,排列整齐。

　　最后应按要求加深图线,并注写尺寸数字、轴线编号、文字说明以及标题栏中的图名、比例等,如图 11-11 所示。

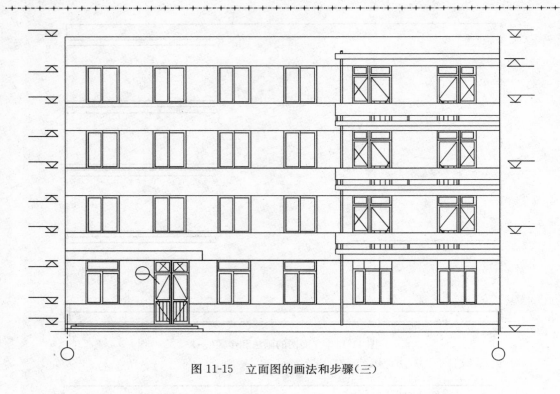

图 11-15　立面图的画法和步骤(三)

第五节　建筑剖面图

一、建筑剖面图的形成

假想用一个垂直于外墙的铅垂平面,将房屋从屋顶到基础剖开,所得的投影图叫做建筑剖面图,简称剖面图,如图 11-16 和图 11-17 所示。剖面图是用来表示房屋内部的结构形式、分层情况和各部位的联系、材料及其高度的图样。

剖面图的数量要根据房屋的具体情况而定,一般至少作一个横向剖面,必要时也可作平行于正立面的纵向剖面图。其剖切位置,应选择在能反映出房屋内部结构比较复杂或房屋的典型部位,一般应通过门窗洞口,多层房屋应选择在楼梯间处。从图 11-4 所示底层平图中可以看到,1—1 剖面图的剖切位置既通过房屋的主要出入口,又通过楼梯间及外墙窗口。若建筑物较复杂,作一个剖面不足以说明问题时,可以作多个剖面图来表达。如图 11-17 所示的 2—2 剖面图,通过了该招待所各层房间分隔有变化和有代表性的宿舍部分,它补充了 1—1 剖面的不足,这两个剖面图结合,就能较全面地反映出招待所在竖向的全貌。

剖面图的图名是根据平面图上的剖切符号来命名的。因此它必须与底层平面图上所注的剖切符号一致。

二、建筑剖面图的图示特点

1. 图线

室内外地坪线用加粗实线表示,剖到的墙身、楼板、屋面板、楼梯段、楼梯平台等轮廓线用粗实线表示,未剖到的可见轮廓线用中粗实线表示,门窗及其分格线、雨水管等用细实线表示。

房屋的剖切是从屋顶到基础。一般情况下,基础的构造由结构施工图中的基础图来表达,

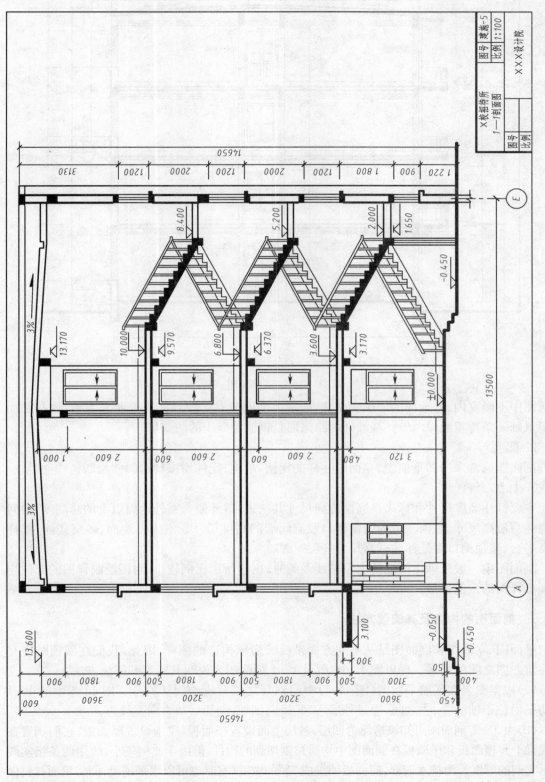

图 11-16　1—1 剖面图

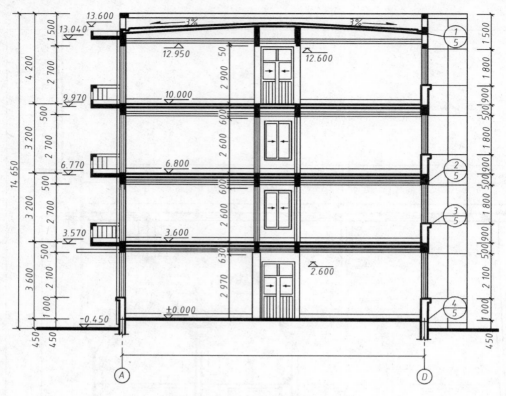

图 11-17　2—2 剖面图

建筑图中不画室内、外地面的层次和做法，通常由剖面节点详图或施工说明来表达，故在剖面图中只画一条特粗线（1.4b）。基础处的涂黑层是钢筋混凝土的防潮层。

2. 图例

剖面图通常采用和平面图、立面图一样的比例，故构、配件均按规定图例绘制。

3. 标注

主要标注高度尺寸和标高。高度方向尺寸共三道，最外侧为室外地面以上的总高度，中间一道注写层高尺寸，最内一道为门窗洞口及洞间墙的高度尺寸。室内外地面、各层楼面、楼梯休息平台、屋顶檐口等处标注标高尺寸。

剖面图中一般只画出两端的定位轴线及编号，由于所用比例较小，对需绘制详图的部位均应画出详图的索引符号。

三、剖面图的内容及其阅读方法

平面图、立面图和剖面图是从不同方面来反映房屋构造的图样，因此，我们在阅读时应充分注意三图之间的联系。现以图 11-16 所示 1—1 剖面图来说明其内容和阅读方法。

（1）根据图名在底层平面图（图 11-4）中找到与之相对应的剖切符号。图 11-4 中的 1—1 剖切平面位于轴线②、③之间，通过外墙Ⓐ、Ⓔ横向剖切，剖切后从右向左投影。

（2）由 1—1 剖面图可知该房屋为四层，各层楼面设置楼面板，屋顶设置屋面板，它们搁置在墙或梁上。楼面板和屋面板在剖面图中均属被剖切到的构件，但由于比例较小，故用两条粗实线表示它们的厚度。为排水需要，屋面板铺设成 3% 的坡度（有时也可以水平铺设，而将屋面材料做出一定的坡度）。在檐口处和其他部位设置了内天沟板（有时也可设置外天沟板），以便将屋面的雨水导向落水管。楼面板、屋面板、天沟板的详细形式及楼面层、屋顶的构造层次和做法,由于剖面图的比例较小,难以表达清楚,可另画剖面节点详图表达,也可在施工总说明中表明。

(3)在墙身的门窗洞顶、屋面板下和各层楼面板下的涂黑断面,为该房屋的钢筋混凝土门窗过梁和圈梁。大门上方的涂黑断面为过梁连同雨篷的断面。当圈梁的梁底标高与同层门窗过梁的梁底标高一致时,可用圈梁代替门窗过梁。在外墙顶部的黑色断面是女儿墙顶部的现浇钢筋混凝土压顶。

(4)由于1—1剖面的剖切平面通过每层楼梯的第二梯段,而楼梯为钢筋混凝土结构,所以剖切到的第二梯段用涂黑表示,而第一梯段未被剖到,但为可见梯段,故仍按可见轮廓线($0.5b$)画出。被剖到的楼梯休息平台,采用二条粗实线的简化画法来表达它的厚度。

(5)从剖面图的尺寸中,不但可以了解房屋各构配件的位置,同时还可以了解到房屋的层高及各层楼地面的标高。如1—1剖面外墙Ⓐ所注的三道尺寸,第一道为室外地面以上总高尺寸;第二道为层高尺寸;第三道为门窗洞口及窗间墙的高度尺寸(楼面上下是分开标注的)。另外还标注了内墙门窗洞的高度尺寸、楼面标高、楼梯休息平台标高以及楼梯梁的梁底标高等。

四、建筑剖面图的画法

画房屋的剖面图时首先要明确剖切的目的,其次要选择有代表性的部位进行剖切,随后要对所作剖切的部位(即各楼层)进行投影分析,即明确剖切后的投影方向,分清哪些是剖切到的部分,哪些是没有剖切到但为可见的部分。只有这样才能做到图示正确,图示的内容具有一定的代表性。

现以图11-16所示1—1剖面图来说明绘制剖面图的方法和步骤。

(1)阅读建筑平面图、建筑立面图。根据剖切位置的选定原则和要求,在图11-4所示底层平面图上确定1—1剖面图的剖切位置和投影方向,并以2—2剖面图为其补充的剖面图。

(2)画剖面图,如图11-18～图11-21所示。

①先画室内外地坪线、屋顶轮廓线和内外墙轴线,并定出墙的宽度。

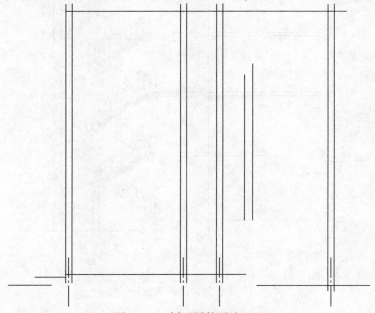

图11-18　剖面图的画法(一)

②画剖到的各层楼面、屋面及楼梯休息平台的厚度,画圈梁、过梁的断面,定门窗的高度。

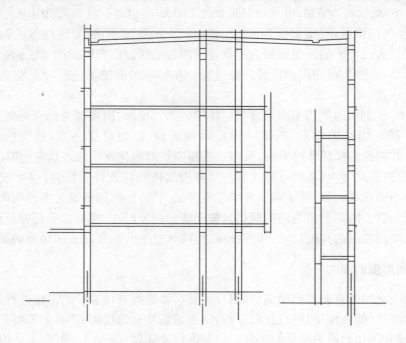

图 11-19　剖面图的画法(二)

③画楼梯踏步及扶手、栏杆。

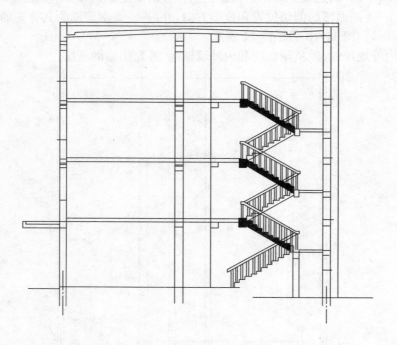

图 11-20　剖面图的画法(三)

④画门窗图例线及其他细部,检查底图无误后,画出尺寸线及标高符号、轴线圆圈等。

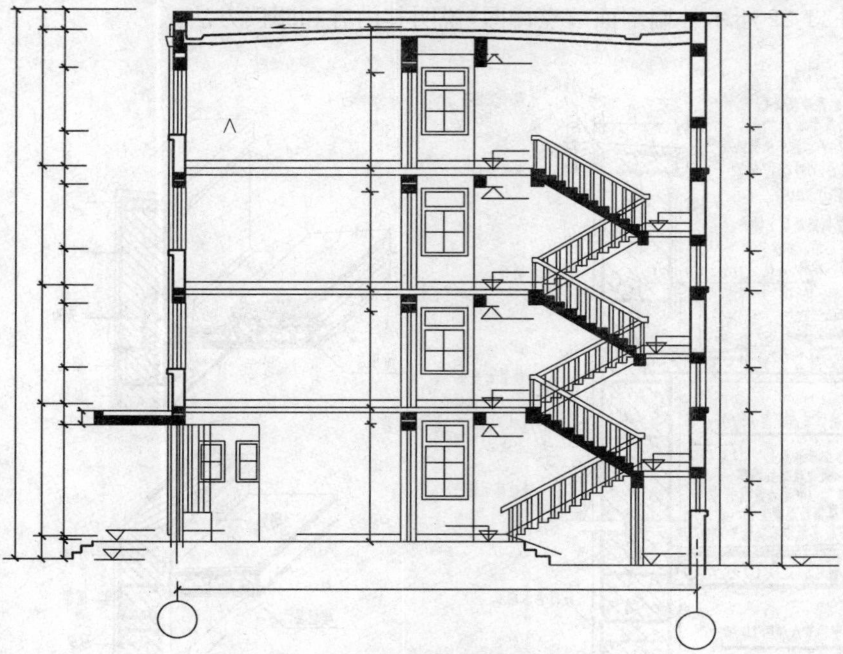

图 11-21 剖面图的画法(四)

(3)楼房的地面和屋面是用多层材料构成的,如在其他图纸上没有说明,则可在剖面图中加以说明。某局部需另绘详图时,则可用引出线画出详图索引符号,如在图 11-17 中的 2—2 剖面图上就引出了勒脚、地面、窗台节点、窗顶节点及檐口节点的详图索引符号。

(4)最后应按图线要求加深图线,并注写尺寸数字、标高、轴线编号及书写标题栏等,如图 11-16 所示。

第六节 建 筑 详 图

一、概　　述

我们从房屋的建筑平面图、立面图和剖面图中,虽然可以看到房屋的外形、平面布置及内部构造等情况,但是由于比例较小,有些建筑构配件(如门窗、楼梯、阳台及各种装饰等)和某些建筑剖面的节点(如檐口、窗台等)的详细构造(包括式样、用料、做法和详细尺寸等)都无法表达清楚。因此必须采用较大比例的图样将其形状、大小、材料和做法详细表达出来。这种图样称为建筑详图,简称详图。对于套用标准图或通用详图的建筑构配件和剖面节点,只需注明套用图集名称、编号或页次,不必另画详图。

建筑详图是建筑平面图、立面图和剖面图的重要补充。它的特点是比例大、尺寸齐全准确、文字说明详尽。

施工时为了便于查阅详图,在平面图、立面图及剖面图中,均用索引符号注明已画详图的部位、编号及详图所在图纸的编号,同时对所画出的详图,以详图符号表示。

二、外墙剖面节点详图

外墙剖面节点详图,实际上就是建筑剖面图中外墙与各构配件交接处(即节点)的局部放大图。阅读详图时应对照剖面图找出所表达的部位,逐一进行节点分析,从而了解各部位的详细构造、尺寸和做法,并与施工总说明核对。

　　现以图 11-22 所示外墙剖面节点详图,说明其内容和阅读方法。

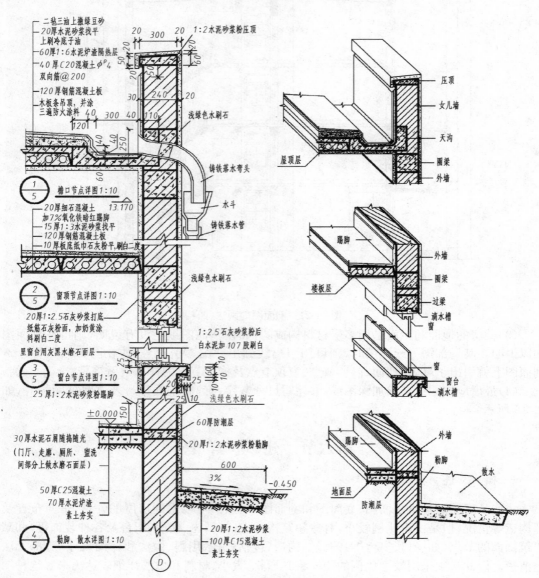

图 11-22　外墙剖面节点详图

　　(1)首先了解该详图所表达的部位。图 11-22 所示的外墙轴线为①,对照平面图和立面图可知,外墙①为该招待所的北外墙,其所表达的部位为图 11-17 所示 2—2 剖面图上的 $\frac{1}{5}$、$\frac{2}{5}$、$\frac{3}{5}$ 及 $\frac{4}{5}$ 节点,即檐口节点、窗顶节点、窗台节点及勒脚节点。

　　(2)看图时要由上至下或由下至上,一个节点一个节点地阅读。

　　第一个节点为檐口节点详图。它表达了该房屋女儿墙外排水檐口的构造和屋面层的做法等,图中不但给出了有关尺寸,还对某些部位的多层构造用引出线作了文字说明(引出线的用法见表 11-4)。该房屋的屋面首先铺设的是 120 厚钢筋混凝土板和预制天沟板,为了排水需要,屋面按 3% 的坡度铺设。屋面板上做有 40 厚 C20 混凝土(内放钢筋网)和 60 厚隔热层,最上面是二毡三油的防水覆盖层。

第二个节点为窗顶节点详图,它主要表达窗顶过梁处的做法和楼面层的做法。在过梁外侧底面用水泥砂浆做出滴水槽,以防雨水流入窗内。楼面层的做法及其所用材料也采用引出线方法,作了详细的文字说明。

从檐口节点和窗顶节点,可以看到楼面板和屋面板均按平行纵向外墙搁置,即它们是搁置在横墙或梁上的。

第三个节点为窗台节点详图,它表明了砖砌窗台的做法。除了在窗台底面做出滴水槽外,同时还在窗台面的外侧做一斜坡,以利排水。

第四个节点为勒脚、散水节点详图。该详图对室内地面及室外散水的材料、做法与要求都用文字作了详细的说明,并注明了尺寸。其中勒脚高度为 450 mm(由 -0.450 至 ± 0.000)。勒脚选用防水和耐久性较好的粉刷材料粉刷。在室内地面下 30 mm 的墙身处,设有 60 mm 厚的钢筋混凝土防潮层,如图 11-22 所示。

从详图 $\frac{3}{5}$、$\frac{4}{5}$ 中可以看到室内地面和各楼层面墙壁处,均需做踢脚板保护墙壁,并在 $\frac{4}{5}$ 详图中注明了踢脚板的详细作法和尺寸。

(3)详图中所注的尺寸,一般应标注出各重要部位的标高,如室内外地面标高等。某些细部的大小尺寸亦应详细注出,如女儿墙、天沟、窗台等尺寸。

三、楼梯详图

在多层房屋建筑中,楼梯是楼房上下层之间的通道。目前多采用现浇或预制的钢筋混凝土楼梯,或部分预制构件、部分现浇相结合的楼梯。楼梯由楼梯段(简称梯段,包括踏步、斜梁)、平台(包括平台板和梁)和栏杆(或栏板)等组成,如图 11-23 和图 11-24 所示。楼梯的构造一般比较复杂,各部分的尺寸也较小,在 1:100 的平面图和剖面图中难以表示清楚,必须用较大的比例详细表达,以便用以指导施工。

楼梯详图一般分建筑详图和结构详图,并分别编入"建施"和"结施"中。但对于一些构造和装修较简单的现浇钢筋混凝土楼梯,其建筑详图和结构详图可合并绘制,编在"建施"或"结施"中均可。该招待所楼梯段的整体部分列入结构施工图中,而楼梯的一些建筑配件及其梯段之间的构造和组成,则必须画出建筑详图。楼梯的建筑详图主要表示楼梯的类型、结构形式、各部位的尺寸及装修方法。建筑详图的线型与平面图、剖面图相同。楼梯详图一般包括平面图(或局部)、剖面图(或局部)和节点详图。

(一)楼梯平面图

1. 楼梯平面图的内容

和房屋建筑平面图一样,楼梯平面图实际上是在该层往上走的第一梯段中间剖切后的水平投影图,也是房屋各层平面图楼梯间处的局部放大图,如图 11-23～图 11-25 所示。原则上每层楼都要画楼梯平面图,在多层房屋建筑中,若中间各层楼梯的位置及其梯段数、踏步数和大小均相同时,通常只画出底层、中间层和顶层三个楼梯平面图即可。

(1)底层楼梯平面图

由于剖切平面是在该层往上走的第一梯段中间剖切,故底层楼梯平面图只画了一个被剖切梯段及栏杆,如图 11-23 所示。按《建筑制图标准》的规定,被剖切梯段用倾斜 45°的折断线表示(注意折断线一定要穿过扶手,并从平台边缘画出)。由于底层只有上没有下,故只画了上楼方向,注有"上 23 级"的箭头,即从底层往上走 23 级可到达第二层。"下 3 级"是指从底层往下走 3 级即到达储藏室门外的地面。

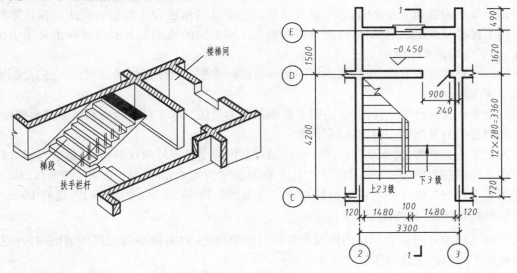

图 11-23　底层楼梯平面图

(2)中间层(二、三层)楼梯平面图

　　由于剖切平面是在该层往上走的第一梯段中间剖切,如图 11-24 所示,剖切后从上往下不但看到该层上行的部分梯段,也看到了下层下行的部分梯段,这两个部分梯段的投影形成了一个完整梯段。按《建筑制图标准》的规定,用倾斜 45°的折断线为分界线以示区别。右边完整的下行梯段未被剖切到,但均为可见。图中所注"上 20 级"箭头,表示从二层(或三层)上行 20级即到达三层(或四层)。图中所注"下 23(20)级"箭头,表示从二层(或三层)下行 23 级(或 20级)即可到达底层(或二层)。

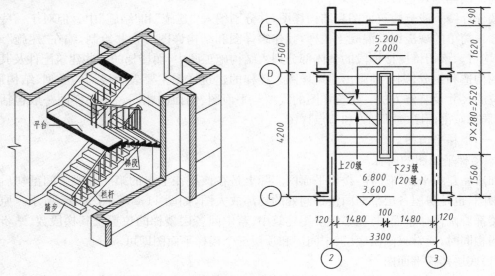

图 11-24　二(三)层楼梯平面图

(3)顶层(四层)楼梯平面图

　　该招待所的四层即为顶层,该层的剖切位置在楼梯安全栏杆之上,如图 11-25 所示,故两个梯段及平台都未被剖切到,均为完整的可见梯段。由于是顶层,只有下行没有上行,所以顶层楼梯平面图中注有下楼的方向,即"下 20 级"的箭头。

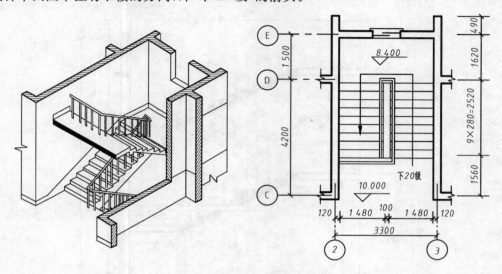

图 11-25　顶层楼梯平面图

　　楼梯平面图中除注有楼梯间的开间和进深尺寸、楼地面和平台的标高尺寸外,还须注出各细部的尺寸。通常把楼梯段的长度尺寸和踏面数、踏面宽的尺寸合并写在一起,如图 11-23 底层楼梯平面图中的 $12 \times 280 = 3\ 360$,这表示该梯段有 12 个踏面、每个踏面宽 280 mm,梯段长为 3 360 mm。

　　2. 楼梯平面图的画法

　　绘制各层的楼梯平面图,其关键是画出各梯段的水平投影。根据楼梯段踏面的等分性质,可采用平行格线的几何作图方法(较为简便和准确),所画的每一格表示梯段的一级踏面。由于梯段端头一级的踏面与平台面或楼面重合,所以平面图中每一梯段的踏面格数比该梯段的级数少一,即楼梯梯段长度＝每一踏面的宽×(梯段级数－1)。

　　下面以二(三)层楼梯平面图为例,说明其具体作图步骤,如图 11-26 所示。

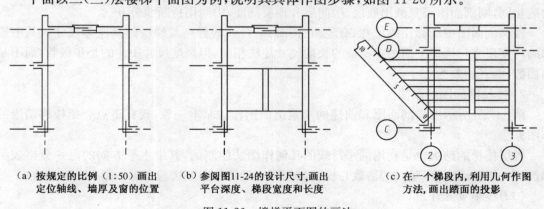

　(a) 按规定的比例(1:50)画出　　(b) 参阅图11-24的设计尺寸,画出　　(c) 在一个梯段内,利用几何作图
　　　定位轴线、墙厚及窗的位置　　　　　平台深度、梯段宽度和长度　　　　　方法,画出踏面的投影

图 11-26　楼梯平面图的画法

(二)楼梯剖面图

1. 楼梯剖面图的内容

楼梯剖面图的剖切位置,一般应通过各层的楼梯段和楼梯间的门窗洞,其投影方向应向未

被剖切到的梯段一侧投影,这样得到的楼梯剖面图才能较清晰、完整地表达楼梯竖向的构造。图11-27所示的楼梯剖面图,就是按图11-4底层平面图中1—1剖面所画的局部放大图。

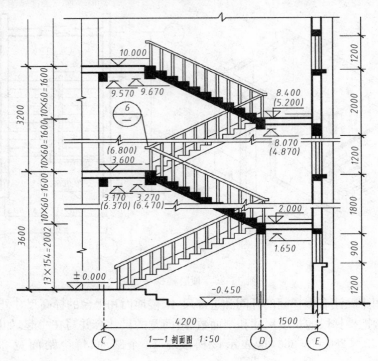

图 11-27　楼梯剖面图

楼梯剖面图主要反映楼梯的梯段数、各梯段的踏级数、踏级的高度和宽度、梯段的构造、各层平台面和楼面的高度以及它们之间的相互关系。

从图11-28可以看出,每层楼有两个梯段,其上行的第二梯段被剖到,而上行的第一梯段未被剖到。楼梯的结构形式为钢筋混凝土双跑式楼梯,矩形断面的平台为预应力钢筋混凝土多孔板。一般在楼梯间的顶部如果没有特殊之处,可省略不画。在多层房屋中,若中间层楼梯构造相同,则剖面图可只画出底层、中间层和顶层剖面,中间用折断线分开。

楼梯剖面图中所标注的尺寸,有地面、楼面、平台面的标高及梯段的高度等尺寸。其中楼梯的高度尺寸与楼梯平面图中梯段的长度尺寸注法相同,但高度尺寸中注的是步级数,而不是踏面数(两者相差为1)。

2.楼梯剖面图的画法

图11-27所示楼梯剖面图和前述的建筑剖面图作法基本一致,现在重点介绍楼梯踏级的作图方法。

各层楼梯的踏级也是利用画平行线的几何作图法绘制的,其中水平方向的每一分格表示梯段的一级踏面宽度,竖向的格数与梯级数相同。具体作图方法与步骤如图11-28所示。

(三)楼梯节点详图

楼梯节点详图是根据图11-4底层平面图和图11-27楼梯剖面图中的索引部位绘制的,如图11-29所示。它用较大的比例表达了索引部位的形状、大小、构造及材料情况。从图中可以看出,楼梯各节点的构造和尺寸都十分清楚,但对于某些局部如踏级、扶手等,在形式、构造及尺寸上,仍然显得不够清楚,此时可采用更大的比例,作进一步的表达。

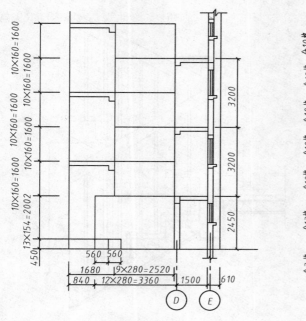

（a）画出各层楼面和平台及其
　　楼板的断面

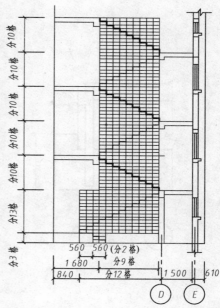

（b）根据各层梯段的踏级数分格。注意
　　水平方向和格数,应是级数减一

图 11-28　楼梯踏级分格的画法

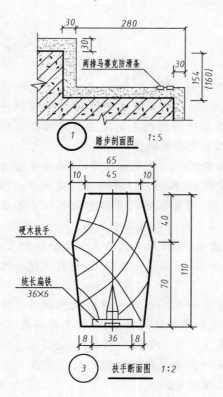

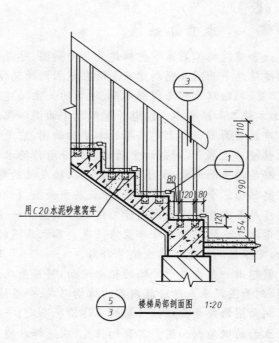

图　11-29

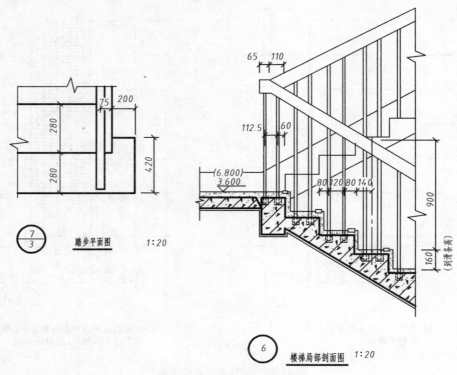

图 11-29　楼梯节点详图

本章小结

　　一套建筑施工图通常包括建筑总平面图、建筑平面图、建筑立面图、建筑剖面图和建筑详图。建筑总平面图表明新建房屋所在范围内的总体布置,反映出新建房屋、构筑物等的平面形状、位置、朝向以及它与周围地形、地物的关系。建筑总平面图也是新建房屋及其设施施工定位,土方施工和绘制水、暖、电等管线总平面图和施工总平面图的依据。

　　建筑平面图实际上是房屋的水平剖面图,它是假想用一水平剖切平面,沿略高于窗台的位置把整幢房屋剖开,对剖切平面以下部分所作的水平投影,即为建筑平面图。建筑平面图主要反映房屋的平面形状、大小和房间布置,墙或柱的布置、门窗位置及开启方向等。多层房屋至少需要画出三个楼层的平面图,即底层平面图、标准层平面图和顶层平面图。

　　房屋各立面的正投影图称为建筑立面。一幢房屋,凡外貌不同的立面均应绘制立面图,以表示该立面的外貌及外部装修情况。各立面图的命名,按国家标准规定,对有定位轴线的建筑物,宜根据两端定位轴线编号命名。

　　假想用一个垂直于外墙的铅垂平面,将房屋从屋顶到基础剖开所得的投影图叫做建筑剖面图,剖面图用来表示房屋内部的结构形式、分层情况和各部位的联系、材料及其高度。

　　剖面图的数量要根据房屋的具体情况而定,一般至少作一个横向剖面,必要时也可作平行于正立面的纵向剖面图。其剖切位置,应选择在能反映出房屋内部结构比较复杂或房屋的典型部位。一般应通过门窗洞口,多层房屋应选择在楼梯间处。

　　建筑详图是建筑平面图、立面图和剖面图的重要补充。它的特点是比例大、尺寸齐全准确、文字说明详尽。

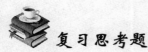 复习思考题

1. 一套房屋施工图,根据其内容和作用的不同,可分为哪几种?
2. 总平面图包括哪些内容,新建房屋和拟建房屋怎么表示?
3. 什么叫建筑平面图? 简述其绘制步骤。
4. 建筑立面图一般根据什么命名?
5. 建筑剖面图包括哪些内容? 如何表示其剖切位置?
6. 什么叫建筑详图? 详图的索引及标志符号是如何表示的?
7. 楼梯详图包括哪些内容? 楼梯平面图中的踏面数为什么比楼梯级数少一个?

第十二章　结构施工图

本章描述

本章讲述结构施工图所包括的内容及其图示特点。重点介绍基础平面图、基础详图、楼层结构布置图、钢筋混凝土构件详图和楼梯结构详图的图示方法和识读步骤。

拟实现的教学目标

1. 能力目标

能够正确识读基础平面图、基础详图、楼层结构布置图、钢筋混凝土构件详图和楼梯结构详图。

2. 知识目标

了解结构施工图的组成及常用代号,掌握基础平面图、基础详图、楼层结构布置图、钢筋混凝土构件详图和楼梯结构详图的图示内容、特点及识读方法。

3. 素质目标

培养学生认真、细致的工作作风和对事业高度负责的精神。

第一节　概　　述

房屋建筑施工图仅表达了房屋的外形、内部布局、建筑构造及装修等内容,而房屋各承重构件的布置、结构构造等内容,都没有表达出来。因此,在房屋建筑设计中,除了进行建筑设计绘制建筑施工图外,还要进行结构设计,绘制出结构施工图,用以表示各种构件。

一、结构施工图包括下列内容

(1)结构设计说明。

(2)结构平面图。包括:①基础平面图(工业建筑还有设备基础平面图);②楼层结构平面布置图(工业建筑还包括柱网、吊车梁、柱间支撑、连系梁布置等);③屋面结构平面布置图(工业建筑还包括屋面板、天沟板、屋架;天窗架及支撑系统布置等)。

(3)构件详图。包括:①基础详图;②梁、板、柱的构件详图;③楼梯结构详图;④屋架结构详图;⑤其他详图,如支撑详图等。

结构施工图主要用作施工放线、挖基槽、制作构件及构件安装等,也是编写预算和编制施工组织设计的依据。

二、常用构件代号

房屋的各种结构构件,如梁、柱、板等,种类很多,布置也较复杂,为简化图纸,各类钢筋混凝土构件在施工图中可用代号标注,《建筑结构制图标准》(GB/T 50105—2001)中规定了常用构件的代号,通常采用该构件名称的汉语拼音第一个字母来表示,代号后用阿拉伯数字标明该构件型号或编号(也可为构件顺序号),常用代号见表 12-1 所示。当采用标准、通用图集中的构件时,应用该图集中规定的代号或型号。

表 12-1　常用构件代号

序号	名　称	代号	序号	名　称	代号	序号	名　称	代号
1	板	B	15	吊车梁	DL	29	基础	J
2	屋面板	WB	16	圈梁	QL	30	设备基础	SJ
3	空心板	KB	17	过梁	GL	31	桩	ZH
4	槽形板	CB	18	连系梁	LL	32	柱间支撑	ZC
5	折板	ZB	19	基础梁	JL	33	垂直支撑	CC
6	密肋板	MB	20	楼梯梁	TL	34	水平支撑	SC
7	楼梯板	TB	21	檩条	LT	35	梯	T
8	盖板或沟盖板	GB	22	屋架	WJ	36	雨篷	YP
9	挡雨板或檐口板	YB	23	托架	TJ	37	阳台	YT
10	吊车安全走道板	DB	24	天窗架	CJ	38	梁垫	LD
11	墙板	QB	25	框架	KJ	39	预埋件	M
12	天沟板	TGB	26	刚架	GJ	40	天窗端壁	TB
13	梁	L	27	支架	ZJ	41	钢筋网	W
14	屋面梁	WL	28	柱	Z	42	钢筋骨架	G

注:(1)预制钢筋混凝土构件、现浇钢筋混凝土构件、钢构件和木构件,一般可直接采用本表中的构件代号。在绘图中,当需要区别上述构件种类时,可在构件代号前加注材料代号,并在图纸中加以说明。

(2)预应力钢筋混凝土构件代号,应在构件代号前加注"Y-",如 Y-DL 表示预应力钢筋混凝土吊车梁。

三、图　线

结构施工图中各种图线的用法见表 12-2。

表 12-2　结构施工图中各种图线的用法

名称	线　型	线宽	一　般　用　途
粗实线	——————	b	螺栓、主钢筋线、结构平面布置图中单线结构构件线 钢木支撑及系杆线,图名下横线、剖切线
中实线	——————	$0.5b$	结构平面图中及详图中剖到或可见墙身轮廓线、基础轮廓线,钢、木结构轮廓线,箍筋线、板钢筋线
细实线	——————	$0.25b$	可见钢筋混凝土构件的轮廓线、尺寸线、标注引出线,标高符号,索引符号
粗虚线	– – – – –	b	不可见钢筋、螺栓线,结构平面布置图中不可见的钢木支撑及单线结构构件
中虚线	– – – – –	$0.5b$	结构平面图中不可见构件线、墙身轮廓线及钢、木构件轮廓线

名称	线　型	线宽	一　般　用　途
细虚线	 — — — — — —	0.25b	基础平面图中的管沟轮廓线、不可见钢筋混凝土构件轮廓线
粗点划线	■ — ■ — ■ — ■ —	b	垂直支撑、柱间支撑、设备基础轴线图中的中心线
细点划线	 — · — · — · — · —	0.25b	中心线、对称线、定位轴线
双点		b	预应力钢筋线
折断线	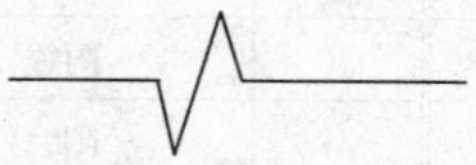	0.25b	断开界线
波浪线		0.25b	断开界线

四、比　例

绘制结构施工图时应根据图样的用途和被绘对象的复杂程度选用相应比例,如表 12-3 所示。当构件纵横向断面尺寸相差悬殊时,在同一详图中的纵横断面可选用不同比例绘制。

表 12-3　结构施工图常用比例

图　名	常用比例	可用比例
平面布置图、基础平面图	1∶50、1∶100、1∶150、1∶200	1∶60
圈梁平面图、总图、中管沟、地下设施等	1∶200、1∶500	1∶300
详图	1∶10、1∶20	1∶5、1∶25、1∶4

本章仍以前述学校招待所为例,说明结构施工图的图示内容和图示方法,并将阐述钢筋混凝土构件的布置图及结构详图等内容。

第二节　基　础　图

基础是建筑物的地下承重部分,用于承受上部荷载并将之传递给地基,常见的基础形式有条形基础和独立基础,如图 12-1 所示。条形基础埋入地下的墙称为基础墙,在基础墙和垫层之间通常做成阶梯形的砌体,称为大放脚,基坑是为基础施工而开挖的土坑,坑底就是基础的底面,如图 12-2 所示。

在房屋施工过程中首先要放线,挖基坑,砌筑基础,这些工作都要根据基础平面图和基础详图进行。

一、基础平面图

基础平面图是假想用一水平剖切面,沿房屋的地面和基础之间,把整幢房屋剖开后所作的水平投影图。它主要表达了基槽未回填土时的基础平面布置状况,如图 12-3 所示。

(一)基础平面图的内容

图 12-3 为某校招待所的基础平面图,该房屋采用的是条形基础,在活动室大厅中央采用了柱下独立基础。在基础平面图中,只要求画出基础墙、柱以及它们的基础底面的轮廓线,至于基础细部(如大放脚)的轮廓线,可以省略不画。这些细部形状、尺寸将具体反映在基础详图中。基础墙和柱的外形是剖到的轮廓线,应画成粗实线,基础底面的外形线是可见轮廓线,应画成细实线。由于基础平面图常采用 1:100 的比例,故材料图例的表示方法与建筑平面图相同。

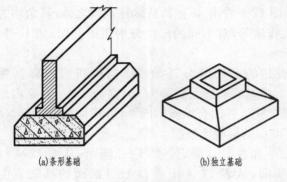

图 12-1 常见基础形式

(a)条形基础　　(b)独立基础

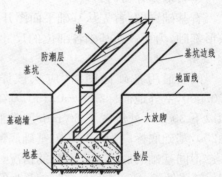

图 12-2 大放脚基础的构造

当房屋底层平面中有较大的门洞时(如门厅在 A、B 轴线上的洞口等),为防止在地基反力作用下,门洞处室内地面发生开裂,有时在门洞处的条形基础中设置基础梁,如图 12-3 中 JL1、JL2 等,并用粗点划线表示。

为了表示基础不同部位的断面(截面)形状和构造,可在基础平面图中对相应部位进行剖切,并以较大的比例画出断面详图。剖切位置及编号,可用断面剖切符号或详图索引符号注写。编号顺序根据《建筑结构制图标准》(GB/T 50105—2001)规定为:

(1)外墙从左下角开始按顺时针方向编号;

(2)内横墙从左至右,从上至下编号;

(3)内纵墙从上至下,从左至右编号。

在作基础断面详图时,凡断面形状和构造不同的部位都应进行剖切,并画出详图。凡断面形式和构造相同的基础,可共用同一断面编号,如图 12-3 所示。

(二)基础平面图中的尺寸标注

在基础平面图中,应注明基础墙的宽度。柱的外形尺寸以及基底宽度都可以直接标注在基础平面图上,也可以用文字在附注中说明,如图 12-3 所示。对于基础各细部的尺寸、做法等,均在基础详图中表达。

二、基础详图

(一)基础详图的内容

基础详图即基础断面图,绘制时均采用较大的比例,如 1:10 或 1:20 等。在基础详图中,不但要表达基础在高度方向的形状、尺寸及室内外地面的标高等,而且还要表明基础各部位的材料和构造,如基础墙防潮层的位置和做法、基础垫层的材料和做法及基础内钢筋布置等情况。

图 12-4 为招待所的承重墙基础详图。由于各承重墙的基础断面形状和配筋类似,因此采用通用的基础详图,对于基础中某些尺寸(如基础宽度 B 和①号筋)的变化,均列入表 12-4 之中。由图 12-3 可知,在某些部位的基础内还设置有基础梁,由于这些基础梁的断面形状和配筋均类似,因此也采用通用基础梁详图,如图 12-5 所示。对于基础梁的长度 L 和②号受力筋的变化,列在表 12-5 中。这样所采用的通用详图既省图幅,又能把各部位的形状、大小和构造等表达清楚,识读时只要图、表结合就一目了然。由于详图能通用,故详图的剖切位置编号及轴线编号均可不注。

(二)基础详图的识读

看基础详图,首先从基础平面图开始。从图 12-3 看出,该招待所除柱基础之外,其余均为条形基础,为了表达基础各部位的尺寸、材料、作法等,对不同的部位分别作了剖切,如 1—1、2—2 等。

阅读通用基础详图时,应从该详图所表达的通用部分开始。该招待所室内标高为±0.000,室外地面标高为−0.450,基础墙厚 240,基础墙底大放脚为 65,高为 120。在室内地面以下 30 mm 处设置了 60 mm 厚的混凝土防潮层,并配有纵向钢筋 3φ8,横向分布钢筋φ^b4@200,基础底标高为−1.500,基础底铺设有 70 厚的混凝土垫层。

不同基础的底面宽度和配筋情况,由图 12-4 和表 12-4 确定。如 1—1 断面,从图 12-4 可知,它是外墙Ⓐ、Ⓓ及①、⑦轴线上的基础断面,从表 12-4 中查得 1—1 断面的基础宽度(B)为 1 300,受力筋①为φ8@110,而分布筋在详图中表示为φ6@250。

从图 12-3 中可知,在该招待所的条形基础内,有 5 处设置有基础梁并分别作了剖切,标出了不同的剖切符号。图 12-5 为通用基础梁详图,由于它属于基础的一部分,因此在读基础梁详图前,首先应对基础的形状、尺寸及配筋情况进行分析,然后进一步了解基础梁的形状、尺寸及配筋要求。如图 12-3 中的 7—7 基础断面内设置有 JL3。由图 12-5 和表 12-5 可知,该基础的宽度(B)为 2 800 mm,受力筋①为φ10@200,其他的细部尺寸与配筋情况在基础梁详图中已经清楚表达。

下面进一步分析基础梁的情况,由图 12-5 和表 12-5 知,在该基础内所设置的基础梁(JL3)长为 2 040 mm,所配置的受力筋②为 4φ14。从详图中还可知该梁的架立筋为 4φ12,箍筋为φ8@200,箍筋是由两个矩形箍筋组成的"四肢箍",如图 12-6 所示。在梁的长度(2 040)范围内,基础的分布筋③(φ6@250)与梁体的架立筋(4φ12)重复时,应由架立筋代替分布筋。

图 12-7 为楼梯基础详图。由于荷载较小,基础宽度只有 500 mm,高为 200 mm,采用的是混凝土矩形基础。

图 12-8 为柱下钢筋混凝土独立基础(ZJ)的详图。基础底面是 2 900 mm×2 900 mm 的正方形,下面铺设 70 mm 厚的混凝土垫层。由首页图中可知,柱基础的材料用 C20 混凝土,图中还表明柱基础为双向配置φ12@110 钢筋。在柱基础内预埋有 4φ22 钢筋,以便与柱子内的钢筋搭接,其搭接长度为 800 mm。在搭接区内配置的箍筋φ6@100 比柱子内的箍筋φ6@200 要密些。按施工规范规定,在基础高度范围内至少布置二道箍筋。

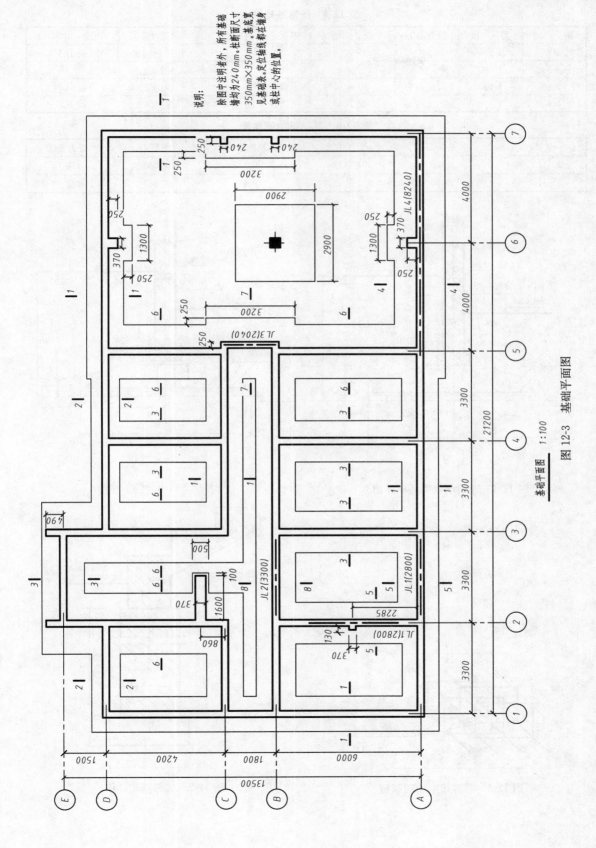

基础平面图 1:100

图 12-3 基础平面图

说明：
除图中注明者外，所有基础墙均为240mm。柱断面尺寸350mm×350mm。基底宽见基础表。定位轴线都在墙身或柱中心的位置。

表 12-4　条形基础表

基　础	宽　度	受力筋①	说　明	基　础	宽　度	受力筋①	说　明
1-1	1 300	Φ8@150		5-5	1 500	Φ8@150	设 JL1
2-2	1 000	Φ8@200		6-6	2 300	Φ14@180	
3-3	1 100	Φ10@170		7-7	2 800	Φ10@200	设 JL3
4-4	1 800	Φ12@180	设 JL4	8-8	1 400	Φ10@200	设 JL2

表 12-5　基础梁的钢筋表

基础梁	梁长 L	受力筋②	基础梁	梁长 L	受力筋②
JL1	2 800	4Φ18	JL3	2 040	4Φ14
JL2	3 300	4Φ22	JL4	8 240	4Φ25

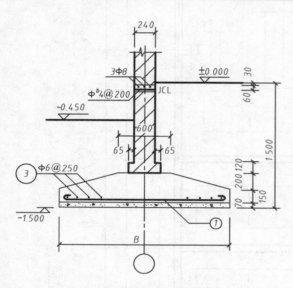

图 12-4　通用承重墙基础详图

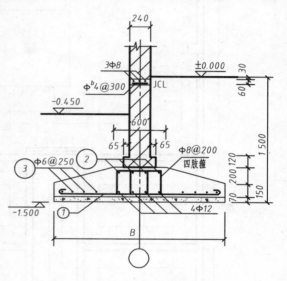

图 12-5　通用基础梁详图

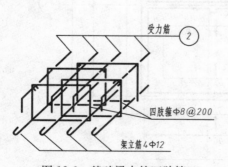

图 12-6　基础梁中的四肢箍

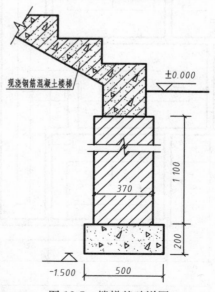

图 12-7　楼梯基础详图

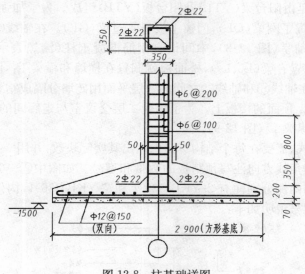

图 12-8　柱基础详图

第三节　楼层结构平面布置图

一、楼层结构平面布置图的内容与要求

楼层结构平面布置图，是假想沿楼板面将房屋剖开后所作的水平投影图，如图 12-9 所示。它主要是表达每层楼的板、梁、柱、墙、圈梁和门窗过梁等的平面布置，以及现浇楼面的构造及配筋情况，是施工时布置和安放各层承重构件的依据。

楼层结构平面布置图常用 1：50 或 1：100 的比例绘制，被剖到的墙柱轮廓线用粗实线表示，被楼板遮挡的墙柱用中虚线表示，楼板平面布置用细实线表示，各种梁（楼面梁、雨篷梁、阳台梁、圈梁及门窗过梁等）均用粗点划线表示。

结构平面布置图中应注出各轴线间尺寸和总尺寸，还应注出各种梁板的底面标高，通常注写在构件代号后面的括号里，也可以用文字统一说明。

在多层房屋中，底层地面已在建筑详图中说明，无需画出底层结构平面图，楼面结构布置相同的楼层可共用一个结构平面图，屋顶结构平面图用于表示屋面承重构件布置情况，其表示方法与楼层结构平面布置图基本相同，由于屋面排水的需要，屋面承重构件可根据需要按一定坡度布置，并设置天沟板。

二、楼层结构平面布置图的识读

钢筋混凝土楼板是目前建筑中最基本的楼板形式，按照施工方式可分为现浇整体式和预制装配式两大类。

（一）预制楼层结构平面图的识读

预制装配式楼板是在工厂或现场预制的楼板，具有施工速度快、节省模板、便于机械化作业等优点，也是常用的楼板结构形式。图 12-9 给出了前述招待所二层结构平面布置图。

阅读楼层结构平面布置图时，首先要注意它与建筑平面图的关系，即要核对各轴线及其编号是否一致，熟悉各楼层的布局、各种构件的代号及首页图中的有关施工总说明。

由图 12-9 可知，该房屋在底层出入口处有雨篷，它是由雨篷梁（YPL）和雨篷板（YPB）组成。位于右侧的阳台是由阳台梁（YTL）及阳台板（YTB）组成。为了加强房屋的整体刚度，在楼板下各道砖墙上设置了圈梁（QL），门窗上设置了过梁（GL）。在轴线⑤至轴线⑦间的底层平面是开间较大的活动室（图 12-3），中间设有钢筋混凝土柱（涂黑表示被剖到的钢筋混凝土），并在纵、横方向布置有梁（L_1、L_2），楼面板就搁置在横墙和横梁 L_3 上（图 12-9）。由第十一章的图 11-5 可知，在轴线⑤和轴线⑦之间的二层平面用砖墙分隔成宿舍、走廊和会议室，砖墙是砌筑在梁 L_1 和 L_3 顶面的楼板上。为了承受二层会议室与走廊间的半砖墙重量，故在轴线⑥上再加设了一道纵梁 L_2（图 12-9）。

　　对于预制楼板形式，需要在每个结构单元内画出其实际块数，并用一条对角线（细实线）表示其布置范围，在沿对角线方向注写预制板的数量和型号。如图中Ⓐ—Ⓑ轴线和①—②轴线确定的房间，在斜线的两侧分别注有 2-YKBd339-1 和 7-YKBd336-1，构件编号采用天津市结构构件通用图集，其代号说明如下：

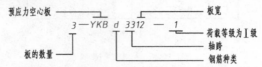

　　7-YKBd336-1，表示 7 块预应力空心板，板的宽度为 0.6 m，板的跨度 3.3 mm，荷载等级为Ⅰ级，板的两端分别搭在①、②号轴线的梁或墙上。

　　如有若干结构单元楼板的布置、数量和型号相同，则可用一个结构单元按上述方法标注，并确定一个统一的代号（如甲、乙等），其他结构单元只需画出一条对角线，并注写出代号即可，如图 12-9 所示。

　　在图 12-9 二层结构平面布置图中，还画出了圈梁（QL）和门窗过梁（GL）的通用断面图，通过附表明确了过梁的长度及受力筋的布置要求。

　　在工程图样中，一般都有附注或说明，主要是对于图样中一些不便于表达或具有共性的部位给予简洁的文字说明，同时对结构、构造等在施工时可能遇到的特殊情况的处理办法与要求给予指示，这样的附注或说明既补充了图样的不足，同时又对施工人员如何理解图样和施工给予了指导。如在图 12-9 中，除了对部分圈梁的梁底标高、门窗过梁的梁底标高作了标注外，其余各种结构的标高都在附注中作了说明。

　　在结构平面布置图中，轴线尺寸应与建筑平面图相等，各种承重构件的平面位置、尺寸，如雨篷、阳台的外挑尺寸，雨篷梁、阳台梁伸入墙内的尺寸，梁、板的底面结构标高等，都是施工的重要依据，因此必须逐一搞清楚，以利于正确指导施工。

　　（二）现浇楼层结构平面布置图的识读

　　现浇式楼板是在施工现场浇筑成形的，具有整体性好、自重轻等优点。现浇楼面的表示方法，除应画出楼面梁、柱、墙的平面位置外，还要表示出板内的钢筋形状、直径、间距和编号等等内容。

　　在图 12-9 中，楼板以预制为主，为满足厕所和盥洗间防水防渗需要，采用了现浇板形式，图中用 XB 示出，由于比例太小，不便于表达其配筋情况，另有较大比例的局部平面图表示。本节以图 12-10 为例介绍现浇楼层结构平面布置图的识读。

　　在图 12-10 中，直接画出了梁、板的断面形状，并注明了现浇板的厚度 150 mm，梁底标高 3.290 m，顶面标高 3.580 m。现浇钢筋混凝土板的平面图中，钢筋应平放并画在其所在位置，但相同的钢筋可只画一根表示，并注上钢筋编号、直径和间距。根据《建筑结构制图标准》

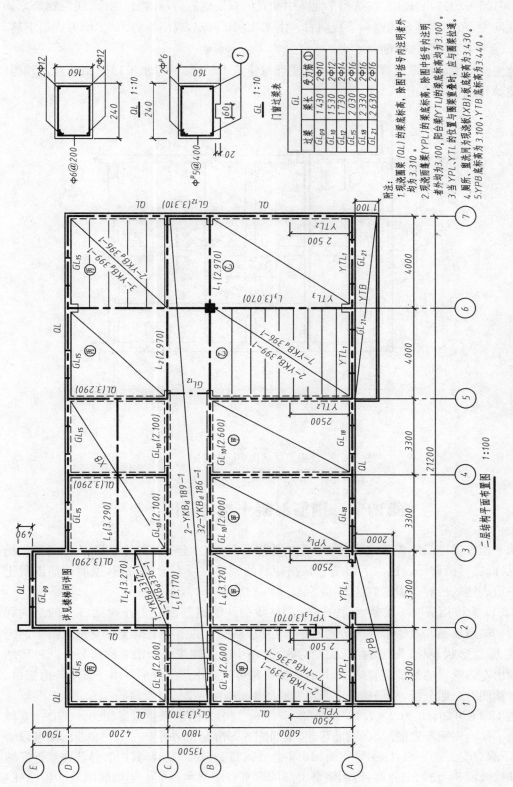

图 12-9　楼层结构平面布置图

门窗过梁表

过梁	梁长	受力筋
GL-09	1430	2Φ10
GL-10	1530	2Φ12
GL-12	1730	2Φ14
GL-15	2 030	2Φ14
GL-18	2330	2Φ16
GL-21	2630	2Φ16

附注:
1.现浇圈梁(QL)的梁底标高,除图中括号内注明者外均为3.310。
2.现浇雨篷梁(YPL)的梁底标高,除图中括号内注明者外均为3.100,阳台梁(YTL)的梁底标高均为3.100。
3.当YPL,YTL的位置与圈梁重叠时,应与圈梁拉通。
4.厨所、盥洗间对现浇板(XB),板底标高为3.430。
5.YPB底标高为3.100,YTB底标高为3.440。

(GB/T 50105—2001)的规定,在结构平面图中配置的双层钢筋,以标题栏为准,底层钢筋弯钩应向上或向左,顶层钢筋弯钩则向下或向右。由图 12-10 可知,现浇板的①、②均为底层钢筋,而③、④、⑤为上层的附加钢筋。

阅读现浇楼层结构平面布置图时,还应注意与建筑平面图、给排水工程图相结合,了解其所需预留给排水管道的孔位。

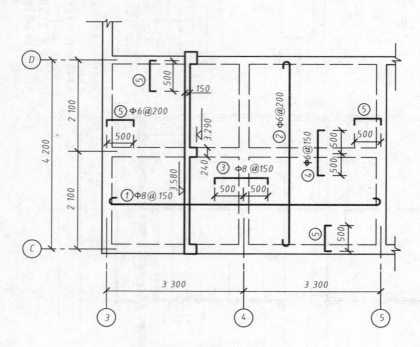

图 12-10　现浇楼层结构平面布置图

第四节　钢筋混凝土构件详图

结构平面布置图只能表示建筑物各承重构件的平面位置,至于它们的形状、大小、材料、构造等情况,尚需另画详图表达。下面结合某招待所的钢筋混凝土梁(L_1)图,说明钢筋混凝土结构详图所表达的内容及识读方法。

图 12-11 为该招待所二层楼面⑤—⑥—⑦轴线的两跨钢筋混凝土连续梁(L_1)的结构详图。梁的两端搁置在⑤及⑦轴线的砖墙上,中间为⑥轴线上的钢筋混凝土柱支承。由于两跨梁的跨度、断面形状、配筋及支撑情况完全对称,故在中间⑥轴线处画出对称符号。此时该结构可只画出左边跨内的钢筋配置情况,其右边的一跨可只画出梁的外形。由于该梁外形简单,为了读者读图时对照分析,故仍然全部画出两跨的钢筋配置情况。

由图 12-11 可知,L_1 为 2×4.12 m($3\,630 + 370 + 120$)长的矩形断面梁(240×600)。立面图中反映了梁内钢筋布置的层次、钢筋弯起、箍筋配置等情况。结合 1—1、2—2 断面图可以看出,梁内下缘有受力筋三根,即①号钢筋±16 和②号钢筋 1 ± 18(弯起),其中②号筋在靠近⑤轴线及⑥轴线处以 $45°$ 角向上弯起,弯起钢筋上部的弯平点距支承点(⑤、⑦轴线墙及⑥轴线柱)边缘为 50 mm。在柱左边,弯起钢筋伸入柱内至右跨梁内,其终点距下层柱(350×350)边

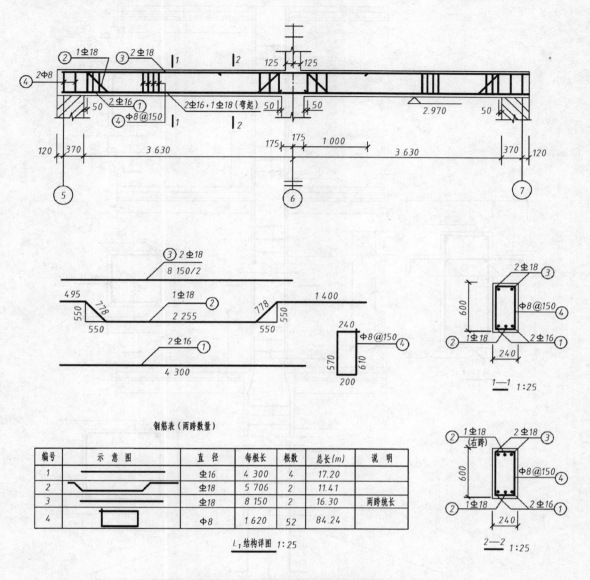

图 12-11 钢筋混凝土梁的结构详图

缘为1 000 mm。同样,在其右跨内也有②号筋从下缘弯起后伸入左跨梁内。②号钢筋形状和尺寸在立面图下方的钢筋详图(大样图)中显示出来。由于所用钢筋为 HRB335 级,其端部可不做弯钩。根据国家标准规定,当无弯钩之长短钢筋投影重叠时,可在短钢筋端部以 45°短划表示。图中钢筋上所画之斜短划即为钢筋的终止点。①号钢筋为下缘的直钢筋,由钢筋详图及立面图上的钢筋终止点可知,①号钢筋伸入柱内。③号钢筋为布置在上缘的统长钢筋,钢筋详图中表明③全长为 8 150 mm。梁内箍筋为④号钢筋,按构造要求在靠近墙或柱边缘的第一道箍筋应距墙或柱 50 mm,即与弯起钢筋的上部弯平点位置一致。在梁进墙的支承范围内设二道箍筋。在立面图上还标出了梁底结构标高 2.970 m。

图 12-12 为该招待所的钢筋混凝土柱的结构详图。读者可根据钢筋布置图的图示特点,自行识读。

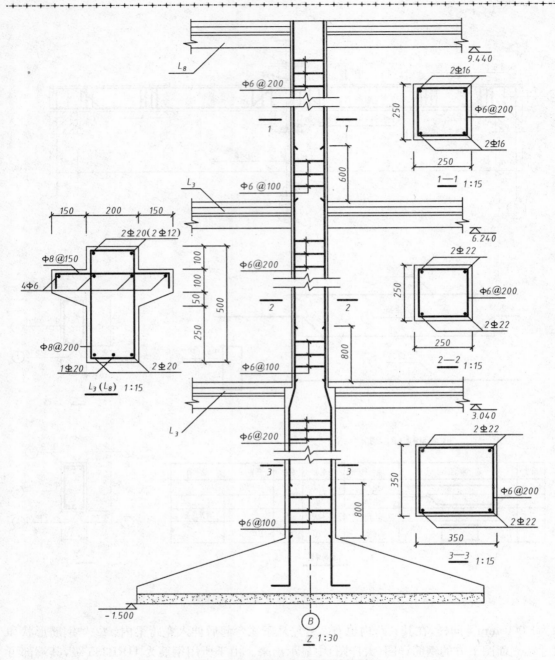

图 12-12　钢筋混凝土柱的结构详图

第五节　楼梯结构详图

一、楼梯结构平面图

在楼层结构平面布置图中虽然也包括了楼梯间的平面位置，但因比例较小(1∶100)，不易把楼梯间的平面布置和详细尺寸表达清楚，而底层往往又不画底层结构平面布置图，因此，楼梯间的结构平面布置图通常需用较大的比例(1∶50)另行绘制，如图 12-13 所示。楼梯结构平

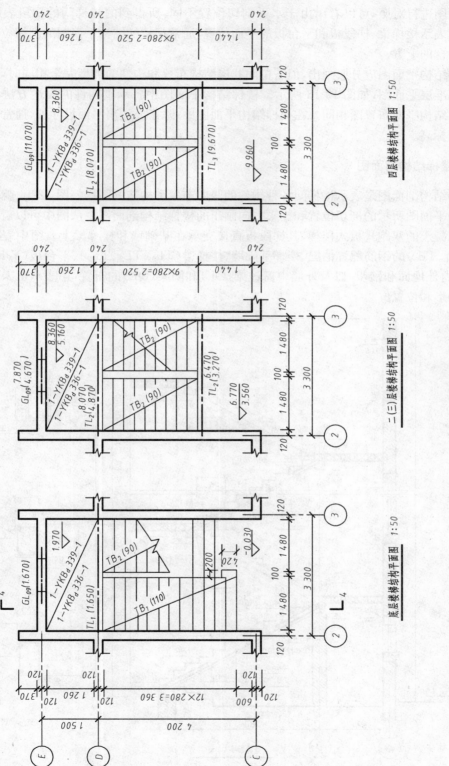

图 12-13 楼梯结构平面图

面图的图示要求与楼层结构平面布置图基本相同,若把图 12-13 与图 10-24～图 10-26 所示的楼梯平面图进行对照,可以看出由于水平剖切位置不同,所得到的楼梯间的梯段表示也有差异。为了表示楼梯梁、梯段板和平台板的平面位置,通常把楼梯结构平面图的剖切位置放在层间楼梯平台的上方。

楼梯结构平面图应分层画出,但若中间几层结构布置和构件的类型完全相同时,则只需画出一个标准层平面图,如图 12-13 所示。楼梯结构平面图中各承重构件的表达方法与尺寸标注和楼层结构平面布置图相同。在楼梯结构平面图中,除了要注出平面尺寸外,通常还注出梁底的结构标高。

二、楼梯结构剖面图

楼梯结构剖面图是表示楼梯间各种构件的竖向布置和构造的图样。图 12-14 就是按底层楼梯结构平面图所示的剖切位置和投影方向画出的楼梯结构剖面图。从图中可以看出该楼梯是钢筋混凝土的双跑式板式楼梯,其梯段板直接支承在基础墙和楼梯梁上。图中表明了剖到梯段(TB₁、TB₂)的钢筋配置情况、楼梯基础墙、楼梯梁(TL₁、TL₂、TL₃)、平台板(Y-KB)、部分楼板、室内外地面和踏步,以及外墙中窗过梁(GL)和圈梁(QL)的布置,还表示出未被剖切到梯段的外形和位置。

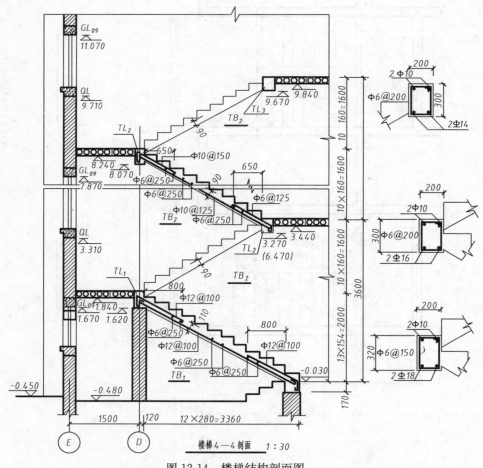

图 12-14 楼梯结构剖面图

和楼梯结构平面图一样，对中间结构、构造相同的楼层，采用标准层形式绘制，中间用折断线断开，并在各层平台或楼层标注不同的标高。

第六节 平面整体表示法简介

混凝土结构施工图平面整体表示法（简称平法），是将梁、板、柱等承重构件的尺寸和配筋情况，根据平法制图规则直接绘制在结构平面布置图上的一种图示方法。这种方法改变了传统的将钢筋混凝土构件从结构平面布置图中索引出来，再通过绘制配筋平面、立面和断面图来逐个表示其钢筋布置的作法，使得图样的绘制和识读更加简单明了，在工程实际中已经被广泛采用。

为了规范使用建筑结构施工图平面整体设计方法，保证按平法设计绘制的结构施工图实现全国统一，确保设计、施工质量，中国建筑标准设计研究院编制了《混凝土结构施工图平面整体表示方法制图规则和构造详图》国家建筑标准设计图集，包括 03G101-1（现浇混凝土框架、剪力墙、框架-剪力墙、框支剪力墙结构）、03G101-2（现浇混凝土板式楼梯）、04G101-3（筏形基础）、04G101-4（现浇混凝土楼面与屋面板）、06G101-6（独立基础、条形基础、桩基承台）、08G101-5（箱形基础和地下室结构）等，已由建设部批准并推广使用。

本节以现浇混凝土楼面板和梁的平法施工图为例简单介绍平法标注的有关基本知识。

一、有梁楼面板平法施工图表达方式

有梁楼面板（指以梁为支座的楼面板）平面注写主要包括板块集中标注和板支座原位标注两项内容。

（一）板块集中标注

板块集中标注的内容为：板块编号、板厚、贯通纵筋，以及当板面标高不同时的标高高差。

1. 板块编号

对于普通楼面，两向均以一跨为一板块；对于密肋楼面，两向主梁（框架梁）均以一跨为一板块（非主梁密肋不计）。所有板块应逐一编号，相同编号的板块可择其一做集中标注，其他仅注写置于圆圈内的板编号，以及当板面标高不同时的标高高差。

板块编号按表12-6的规定编写。

表 12-6　板块编号

板 类 型	代 号	序 号
楼面板	LB	XX
屋面板	WB	XX
延伸悬挑板	YXB	XX
纯悬挑板	XB	XX

注：延伸悬挑板的上部受力钢筋应与相邻跨内板的上部纵筋连通配置。

2. 板厚

板厚注写为 $h=\times\times\times$（为垂直于板面的厚度）；当悬挑板的端部改变截面厚度时，用斜线分隔根部与端部的高度值，注写为 $h=\times\times\times/\times\times\times$；当设计已在图注中统一注明板厚时，此项可不注。

3. 贯通纵筋

贯通纵筋按板块的下部和上部分别注写(当板块上部不设贯通纵筋时则不注),并以 B 代表下部,T 代表上部,B&T 代表下部和上部;X 向贯通纵筋以 X 打头,Y 向贯通纵筋以 Y 打头,两向贯通纵筋配置相同时则以 X&Y 打头。

为方便设计表达和施工识图,规定结构平面的坐标方向为:当两向轴网正交布置时,图面从左至右为 X 向,从下至上为 Y 向;当轴网转折时,局部坐标方向顺轴网转折角度做相应转折:当轴网向心布置时,切向为 X 向,径向为 Y 向。

4. 板面标高高差

板面标高高差,系指相对于结构层楼面标高的高差,应将其注写在括号内有高差则注,无高差则不注。

例如某楼面板块注写为:LB5,h=110,B:X ϕ12@120,Y ϕ10@110,表示 5 号楼面板,板厚 110 mm,板下部配置的贯通纵筋 X 向为 ϕ12@120,Y 向为 ϕ10@110,板上部未配置贯通纵筋。

同一编号板块的类型、板厚和贯通纵筋均应相同,但板面标高、跨度、平面形状以及板支座上部非贯通纵筋可以不同,如同一编号板块的平面形状可为矩形、多边形及其他形状等。施工预算时,应根据其实际平面形状,分别计算各块板的混凝土与钢材用量。

(二)板支座原位标注

板支座原位标注的内容为:板支座上部非贯通纵筋和纯悬挑板上部受力钢筋。

板支座原位标注的钢筋,应在配置相同跨的第一跨表达(当在梁悬挑部位单独配置时则在原位表达)。在配置相同跨的第一跨(或梁悬挑部位),垂直于板支座(梁或墙)位置绘制一段适宜长度的中粗实线(当该筋通长设置在悬挑板或短跨板上部时,实线段应画至对边或贯通短跨),以该线段代表支座上部非贯通纵筋,并在线段上方注写钢筋编号(如①、②等)、配筋值、横向连续布置的跨数(注写在括号内,当为一跨时可不注),以及是否横向布置到梁的悬挑端。例如:(XX)为横向布置的跨数,(XXA)为横向布置的跨数及一端的悬挑部位,(XXB)为横向布置的跨数及两端的悬挑部位。

板支座上部非贯通筋自支座中线向跨内的延伸长度,应注写在线段的下方位置。当中间支座上部非贯通纵筋向支座两侧对称延伸时,可仅在支座一侧线段下方标注延伸长度,另一侧不注;当向支座两侧非对称延伸时,应分别在支座两侧线段下方注写延伸长度。

本章介绍的某招待所在厕所和盥洗间采用了现浇楼面板形式,图 12-10 是采用传统表示方法绘制的结构平面布置图,图 12-15 为该板的平面注写表示方式,图中 LB 表示楼面板,h=120 表示板厚为 120 mm;B:X ϕ8@110,Y ϕ6@200 表示该板下部配置的贯通纵筋 X 向为 ϕ8@110,Y 向为 ϕ6@200,板的上部未配置贯通钢筋;板支座上部③、④号钢筋向两侧延伸长度均为 500 mm。

二、梁平法施工图

梁平法施工图是在梁平面布置图上采用平面注写方式或截面注写方式来表达的施工图样。应分别按梁的不同结构层(标准层),将全部梁和其相关联的柱、墙、板一起采用适当比例绘制。

(一)平面注写方式

平面注写方式,就是在梁的平面布置图上,分别在不同编号的梁中各选出一根,在其上注写截面尺寸和配筋具体数值的方式来表达梁平面整体配筋。平面注写包括集中标注与原位标注,集中标注表达梁的通用数值,原位标注表达梁的特殊数值,施工时原位标注取值优先。

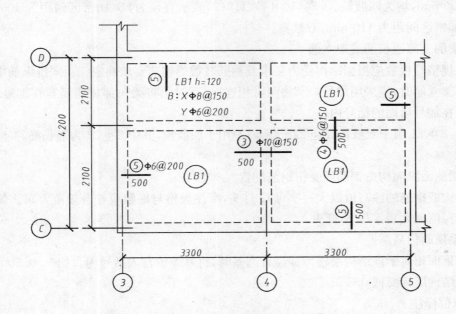

图 12-15 现浇楼层结构平面布置图(平面注写表示方式)

1. 集中标注

梁集中标注的内容,有五项必注值及一项选注值(集中标注可以从梁的任意一跨引出),下面(1)~(5)项为必注值,(6)项为选注值。

(1)梁的编号:梁编号由梁类型代号、序号、跨数及有无悬挑代号几项组成,应符合表 12-7 的规定。

表 12-7 梁 编 号

梁类型	代号	序号	跨数及是否带有悬挑
楼层框架梁	KL	XX	(XX)、(XXA)或(XXB)
屋面框架梁	WKL	XX	(XX)、(XXA)或(XXB)
框支梁	KZL	XX	(XX)、(XXA)或(XXB)
非框架梁	L	XX	(XX)、(XXA)或(XXB)
悬挑梁	XL	XX	
井字梁	JZL	XX	(XX)、(XXA)或(XXB)

注:(XXA)为一端有悬挑,(XXB)为两端有悬挑,悬挑不计入跨数。例如,KL7(5A)表示 7 号框架梁,5 跨,一端有悬挑;L9(7B)表示第 9 号非框架梁,7 跨,两端有悬挑。

(2)截面尺寸:当为等截面梁时,用 $b \times h$ 表示;当为悬臂梁且根部和端部的高度不同时,用斜线分隔根部与端部的高度值,即为 $b×h_1/h_2$,h_1 为根部高度,h_2 为端部较小的高度。

(3)梁箍筋:包括箍筋的钢筋种类、直径、间距和肢数。箍筋加密区与非加密区的不同间距及肢数需用"/"分隔,当梁跨内箍筋全跨为同一间距和肢数时,则不需要斜线,箍筋肢数应写在括号内。

例如:Φ8@100/200(4)表示箍筋为 HPB235,直径为Φ8,加密区间距为 100 mm,非加密区间距为 200 mm,均为四肢箍。Φ8@100(4)/110(2)表示直径为Φ8,加密区间距为 100 mm,四肢箍;非加密区间距为 110 mm,双肢箍。

(4)梁的上部通长筋或架立筋

所注规格与根数应根据结构受力要求及箍筋肢数等构造要求确定。当同排纵筋中既有贯通筋又有架立筋时,应采用加号"＋"将两者相连,注写时须将梁角部贯通筋写在加号的前面,架立筋写在加号后面的括号内。

例如:2Φ22 用于双肢箍,2Φ22＋(4Φ12)用于四肢箍,其中 2Φ22 为通长筋,4Φ12 为架立筋。

(5)梁侧面纵向构造钢筋或受扭钢筋配置

纵向构造钢筋的注写值以大写字母 G 打头,所注规格与根数应符合规范要求。侧面受扭钢筋的注写值以大写字母 N 打头。

(6)梁顶面标高高差

当梁顶面相对于该结构层楼面标高有高差时,将其差值写入括号内。如(－0.500)表示梁标高比该结构层标高低 0.5 m。

2.原位标注

(1)梁支座上部纵筋(指该部位含通长筋在内的所有纵筋):当上部钢筋多于一排时,用"/"将各排纵筋自上而下分开,如 6Φ25(4/2)表示上排为 4Φ25 而下排为 2Φ25;同排纵筋有两种直径时,用"＋"将两种直径纵筋相联,注写时将角部总筋写在前面,如 2Φ20＋2Φ16 表示支座上部纵筋一排共 4 根,2Φ20 放在角部。

(2)梁的下部纵筋:标注在梁的下部跨中位置,当下部纵筋多于一排时,用"/"将各排纵筋自上而下分开,如 6Φ20(2/4),则表示上一排纵筋为 2Φ20,下一排纵筋为 4Φ20,全部伸入支座锚固。

(3)附加箍筋或吊筋:应直接画在平面图中的主梁上,用引出线注明其总配筋值(附加箍筋的肢数注在括号内),当多数附加箍筋或吊筋相同时,可在图纸上统一说明,少数与统一注明值不同时再原位引注。

平面注写方式如图 12-16 所示。

(二)截面注写方式

截面注写方式,是在分标准层绘制的梁平面布置图上,分别在不同编号的梁中各选择一根梁用"单边截面号"引出配筋图,并在其上注写截面尺寸和配筋具体数值的方式来表达梁平面整体配筋。

在梁截面配筋详图上注写截面尺寸 $b×h$、上部筋、下部筋、侧面构造筋或受扭筋和箍筋的具体数值时,其表达方式与平面注写方式相同。

截面注写方式可单独使用,也可与平面注写方式结合使用,如图 12-17 所示。

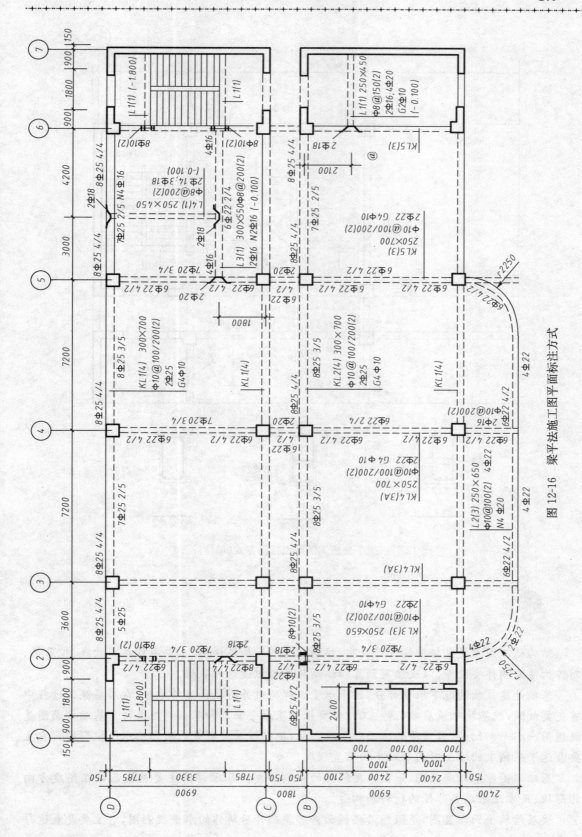

图 12-16　梁平法施工图平面标注方式

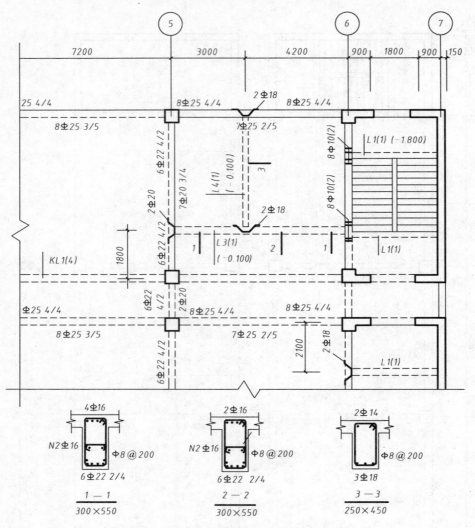

图 12-17 梁平法施工图截面标注方式(单位:mm)

 本章小结

结构施工图主要包括结构设计说明、结构平面图和构件详图,主要用作施工放线、挖基槽、制作构件及构件安装等,以及编写预算和编制施工组织设计的依据。

基础是建筑物的地下承重部分,用于承受上部荷载并将之传递给地基,在房屋施工过程中首先要放线,挖基坑砌筑基础,这些工作都要根据基础平面图和基础详图进行。基础平面图是假想用一水平剖切面,沿房屋的地面和基础之间,把整幢房屋剖开后所作的水平投影图。它主要表达了基槽未回填土时的基础平面布置状况。

基础详图即基础断面图,一般采用较大的比例绘制。基础详图主要表达基础在高度方向的形状、尺寸及基础各部位的材料和构造。

楼层结构平面布置图,是假想沿楼板面将房屋剖开后所作的水平投影图,它主要是表达每层楼的板、梁、柱、墙、圈梁和门窗过梁等的平面布置,以及现浇楼面的构造及配筋情况,是施工时布置和安放各层承重构件的依据。在楼层结构平面布置图中被剖到的墙柱轮廓线用粗实线表示,被楼板遮挡的墙柱用中虚线表示,楼板平面布置用细实线表示,各种梁(楼面梁、雨篷梁、阳台梁、圈梁及门窗过梁等)均用粗点划线表示。钢筋混凝土构件详图表示建筑物各承重构件的形状、大小、材料、构造等等。

楼梯结构详图,由各层楼梯的结构平面图和楼梯结构剖面图组成。在楼层结构平面布置图中虽然也包括了楼梯间的平面位置,但因比例较小,不易把楼梯间的平面布置和详细尺寸表达清楚,而底层往往又不画底层结构平面布置图,因此,楼梯间的结构平面布置图通常需用较大的比例另行绘制。楼梯结构剖面图,是表示楼梯间各种构件的竖向布置和构造的图样。

混凝土结构施工图平面整体表示法(简称平法),是将梁、板、柱等承重构件的尺寸和配筋情况,根据平法制图规则直接绘制在结构平面布置图上的一种图示方法,这种方法改变了传统的将钢筋混凝土构件从结构平面布置图中索引出来,再通过绘制配筋平面、立面和断面图来逐个表示其钢筋布置的作法,使得图样的绘制和识读更加简单明了,在工程实际中已经被广泛采用。本节以现浇混凝土楼面板和梁的平法施工图为例简单介绍平法标注的有关基本知识。

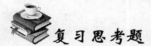 复习思考题

1. 结构施工图包括哪些内容?
2. 基础平面图是怎么形成的? 在基础平面图中剖切位置的编号顺序是怎样规定的?
3. 楼层结构平面布置图主要用途是什么? 粗实线、中虚线、细实线、粗点划线分别表示什么结构。
4. 解释符号 2-YKBd339-1 的含义?
5. 在结构平面图中配置的双层钢筋,其钢筋弯钩的弯曲方向是如何规定的?
6. 有梁楼面板板块集中标注的内容是什么?
7. 什么是梁平法施工图? 什么是梁平法施工图平面注写方式? 梁集中标注的内容是什么?

第十三章 室内给排水工程图

本章描述

本章讲述室内给水排水工程图所包括的内容及图示特点。室内给排水平面图、系统轴测图的绘制和识读方法。

拟实现的教学目标

1. 能力目标

能够正确识读室内给排水平面图、系统轴测图。

2. 知识目标

了解室内给水排水系统的组成及图示特点,了解管道的表示方法及常用图例符号的含义,掌握室内给排水平面图、系统轴测图的绘制和识读方法。

3. 素质目标

培养学生认真、细致的工作习惯。

第一节 概 述

一、给排水系统简述

在给排水工程中,给水工程是指水源取水、水质净化、净水输送、配水使用等工程。排水工程是指雨水排除、污水排除和处理及其处理后的污水排入江河湖泊等工程。

给水、排水工程图简称给排水工程图,可以分为室内给排水工程图和室外给排水工程图两大类。本章仅介绍室内给排水工程图。

在一幢房屋内,一般都设有卫生器具、供水龙头、消防装置及排污设备等。所以,凡是需要用水的房间(如厨房、厕所、浴室、实验室、锅炉间等)都要考虑给排水装置。

1. 室内给水系统的组成

(1)引入管:穿过建筑物外墙或基础,将室外给水系统引入室内给水系统的一段水平管道。

(2)水表节点:为便于统计用水量,要在引入管上设置水表。在水表前后一般应设置阀门或泄水装置。

(3)管道系统:包括水平横管、立管和支管。

(4)给水器具与附件:包括卫生器具配水龙头、用水设备、阀门等。

(5)升压设备:当室外管网压力不足时,应设置水箱和水泵等设备。

2. 室内排水系统的组成

(1)排水横管:连接各卫生器具的水平管道,一般用2%的坡度指向排水立管。

（2）排水立管：指接受各排水横管排放的污水，然后送往排水管的竖向管道。在顶层和底层的立管上一般设置检查口，通常设置在距地面 1 m 的位置。

（3）排出管：指连接排水立管与室外检查井之间的连接管道，一般用一定坡度指向检查井。

（4）通气管：指顶层检查口以上的一段排水立管，用于排出臭气、平衡气压。

二、室内给排水工程图的特点

给排水管线的敷设与设备的安装，在房屋建筑工程中属于建筑设备工程，它们都有专业施工图纸，即设备施工图，简称"设施"。在阅读和绘制这些图样时，要注意掌握它们的特点。

（一）图　线

给排水工程图中常用的各种线型应符合表 13-1 的规定。

表 13-1　给排水工程图中常用线型

名　称	线　型	线宽	用　途
粗实线	———————	b	新设计的各种排水和其他重力流管线
粗虚线	— — — — —	b	新设计的各种排水和其他重力流管线的不可见轮廓线
中粗实线	———————	$0.75b$	新设计的各种给水和其他压力流管线；原有的各种排水和其他重力流管线
中粗虚线	— — — — —	$0.75b$	新设计的各种给水和其他压力流管线及原有的各种排水和其他重力流管线的不可见轮廓线
中实线	———————	$0.5b$	给排水设备、零（附）件的可见轮廓线；总图中新建的建筑物和构筑物的可见轮廓线；原有的各种给水和其他压力流管线
中虚线	— — — — —	$0.5b$	给排水设备、零（附）件的不可见轮廓线；总图中新建的建筑物和构筑物的不可见轮廓线；原有的各种给水和其他压力流管线的不可见轮廓线
细实线	———————	$0.25b$	建筑物的可见轮廓线；总图中原有的建筑物和构筑物的可见轮廓线；制图中的各种标注线
细虚线	— — — — —	$0.25b$	建筑物的不可见轮廓线；总图中原有的建筑物和构筑物的不可见轮廓线

（二）比　例

给排水工程图的比例通常根据图样复杂程度按表 13-2 选用。

表 13-2　给排水施工图常用比例

名　称	比　例
总平面图	1∶1 000、1∶500、1∶300
建筑给排水平面图	1∶200、1∶150、1∶100；
建筑给排水轴测图	1∶150、1∶100、1∶50
详图	1∶50、1∶30、1∶20、1∶10、1∶5、1∶2、1∶1、2∶1

（三）标　高

室内工程应标注相对标高；室外工程宜标注绝对标高，无绝对标高资料时，可标注相对标高,但应与总图一致;压力管道应标注管中心标高,沟渠和重力流管道宜标注沟(管)内底标高。

平面图中标高应按图 13-1 的方式标注,轴测图中管道标高应按图 13-2 的方式标注。

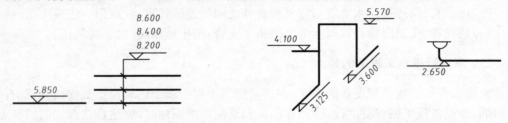

图 13-1　平面图中管道高程标注方法　　　　图 13-2　轴测图中管道标高标注方法

(四)管　径

(1)管径应以 mm 为单位。

(2)水煤气输送钢管(镀锌或非镀锌)、铸铁管等管材,管径宜以公称直径 DN 表示(如 DN15、DN50)等;钢筋混凝土(或混凝土管)、陶土管、耐酸陶瓷管等管材,管径宜以内径 d 表示(如 d230、d380 等)。

(3)单根管道时,管径应按图 13-3 所示标注;多根管道时,管径应按图 13-4 的方式标注。

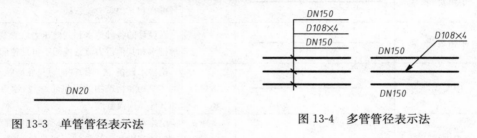

图 13-3　单管管径表示法　　　　　　　　图 13-4　多管管径表示法

(五)管道编号

(1)当建筑物的给水引入管或排水排出管的数量超过 1 根时,宜进行编号,编号宜按图 13-5所示的方法进行。图中管道类别代号,给水管道用"J"表示,污水管和排水管用"W"表示。

(2)建筑物内穿越楼层的立管,其数量超过 1 根时,宜进行编号,编号宜按图 13-6 所示的方法进行。

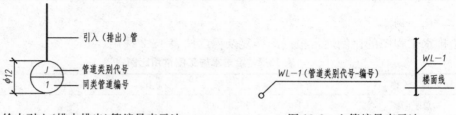

图 13-5　给水引入(排水排出)管编号表示法　　　图 13-6　立管编号表示法

(六)图　例

给水或排水管道,因其断面与长度相比甚小,所以在小比例的施工图中,各管道(不分粗细)都用单线表示,管道上的配件用图例表示。《给水排水制图标准》(GB/T 50106—2001)规定的图例如表 13-3 所示。

表 13-3　常用给排水图例

序号	名称	图例	序号	名称	图例
1	给水管	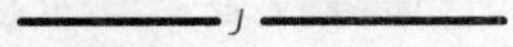 —— J ——	11	污水池	
2	排水管	 —— W ——	12	蹲式大便器	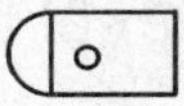
3	管道立管	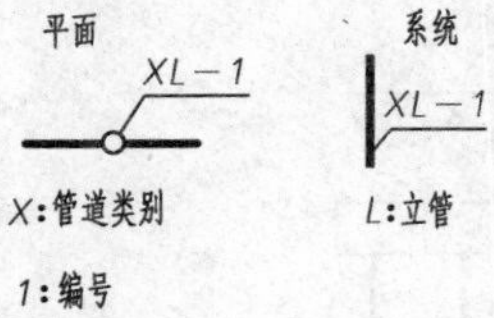 平面　XL-1　系统　XL-1　X:管道类别　L:立管　1:编号	13	坐式大便器	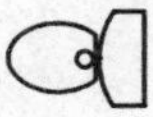
4	存水弯	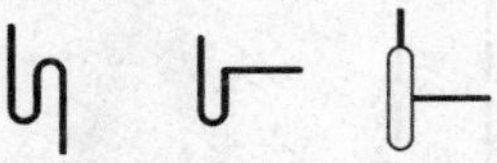	14	矩形化粪池	
5	检查口	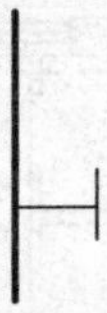	15	小便槽	
6	清扫口		16	淋浴喷头	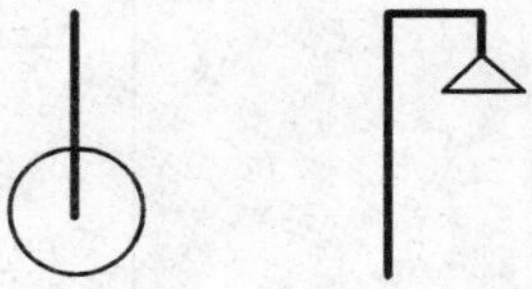
7	通气帽	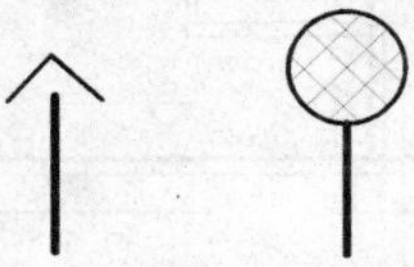	17	水表井	
8	圆形地漏	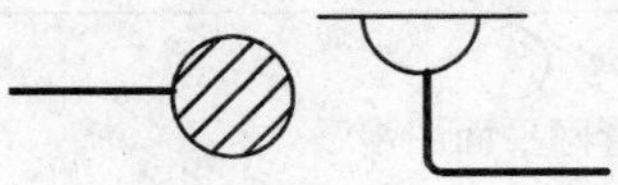	18	水表	
9	截止阀	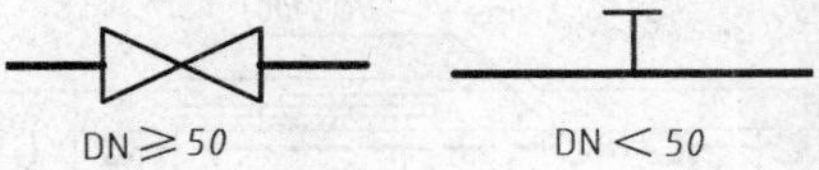 DN≥50　DN<50	19	水龙头	
10	多孔管		20	浴盆	
			21	阀门井检查井	

第二节　室内给排水工程图

室内给排水工程图包括室内给排水平面图、系统轴测图、详图及施工说明等。

一、室内给排水平面图

室内给排水平面图主要表达给水、排水管道及卫生设备的平面布置情况。对多层房屋，应分层画出给排水平面图，若二层以上各楼层平面布置相同，可合并画成标准层平面图，并注明各楼层的标高，底层平面图必须单独画出。

为了突出用水设备的位置和用水设备与管道间的关系，在平面图中，建筑物的轮廓线，按国标规定画成细实线,卫生器具用图例表示,用粗实线表示给水管道的布置,用粗虚线表示排水管道的布置。

在管道平面布置图中,管道无论是明装或暗装,管道线仅表示其所在的范围,并不表示其平面位置尺寸,如管道与墙面间的距离等。施工时,具体尺寸应根据施工规范处理。

图 13-7～图 13-9 为招待所各层给排水平面布置图,主要包括以下内容:

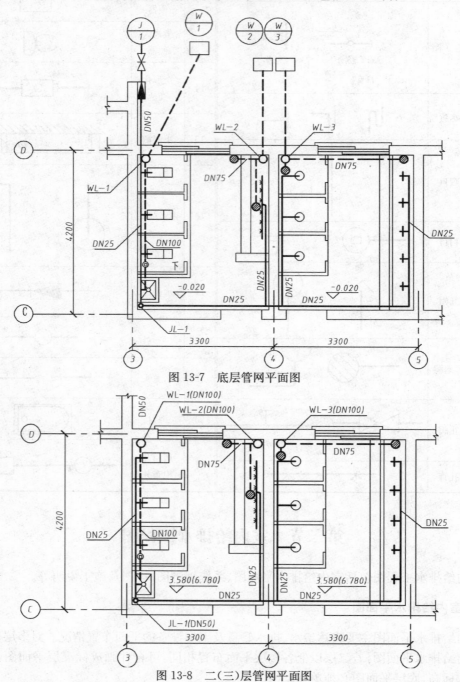

图 13-7　底层管网平面图

图 13-8　二(三)层管网平面图

(1)用水设备,如大便器、小便槽、拖布池、盥洗台、淋浴器、地漏等的类型及其位置。

（2）各立管、水平干管和支管的平面位置、管径及各立管的编号。

（3）各管道的零件，如阀门、清扫口的平面位置。

（4）给水引入管及污水排出管的管径、平面位置。

（5）各层用水房间的名称及其纵、横墙的轴线、编号。

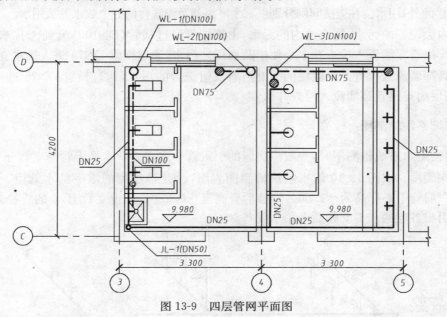

图 13-9　四层管网平面图

二、系统轴测图

室内给排水管道的敷设往往是纵横交错的，因此在平面图上难以表明其空间走向。在给排水工程图中，除施工说明、管道平面图和详图外，还配有管道系统轴测图，如图 13-10、图 13-11 所示。这样就可把管道在空间的走向和尺寸，都表示在同一张图纸上，在读图时，把平面布置图和系统轴测图对照起来看，就十分清楚了。

系统轴测图分给水系统轴测图和排水系统轴测图，它们是根据室内各层给排水平面图中的卫生设施、管道走向、管径和竖向标高，用正面斜等测投影方法绘制的，其内容包括：

（1）表示给水系统和排水系统各管道的空间走向和管道零件、用水设备的位置。

（2）在系统轴测图上，给水管网要分段注出管径（用 DN 表示公称直径）、标高及主管的编号。排水管网应分段标注其管径（用 DN 表示）、坡度、标高和检查口距地面的高度。

（3）在系统轴测图上，还要注出房屋的地面、各层楼面和屋顶的标高。

第三节　室内给排水工程图的识读

阅读给排水工程图时，要与土建工程图进行对照，以便互相配合。如敷设管道（预留洞、预埋件、预留管沟）等，在建筑施工图上都有明确的表示，读图时不可忽视。

管网平面布置图和管网系统轴测图，是室内给排水工程的配套图纸，读图时要按系统把两种图联系起来，对照阅读，从而搞清图样所表达的内容。

一、阅读平面布置图

图 13-7～图 13-9 为招待所的给排水管网平面布置图。从图中可以看出，该招待所的用水房间

为两间，即厕所和盥洗间。在厕所间各层均设置有蹲式大便器三个、拖布池一个、地漏一个、小便槽（四层楼除外）一个。盥洗间各层均设置有淋浴器三个、盥洗台一个（设五个放水龙头）、地漏一个。其唯一的给水引入管 ⊕（管径为 DN50）沿③墙进入楼房后，在厕所内设置有给水立管 JL-1（DN50）穿越各楼层，并在各层的房间内设有两根支管，厕所内的一根供大便器高位水箱用水，另一根供小便槽（四层楼除外）用水。在盥洗间则分别供三个淋浴器及盥洗台的五个放水龙头用水。

厕所内大便器的污水、拖布池内的污水，由连接管经过横管（DN100）流到 ⊕ 排水立管内，再由底层排出管穿墙流入检查井。小便槽及地漏之污水，通过横管 DN75 进入排水立管，在底层由排出管穿墙流入检查井。盥洗间的淋浴器及盥洗台的污水，通过横管 DN75 进入 ⊕ 排水立管，在底层由排出管穿墙流入检查井。

二、阅读系统轴测图

（1）阅读给水系统轴测图时，一般由房屋的引入管→水表井→水平干管→立管→支管→用水设备依次阅读。由图 13-10 给水系统轴测图表明，⊕是该房屋的唯一给水管道，引入管为 DN50，进户前管中心标高为−1.000，穿墙后登高至−0.220。所设立管 JL-1 的管径为 DN50，在立管上引出各层的水平支管通至用水设备。

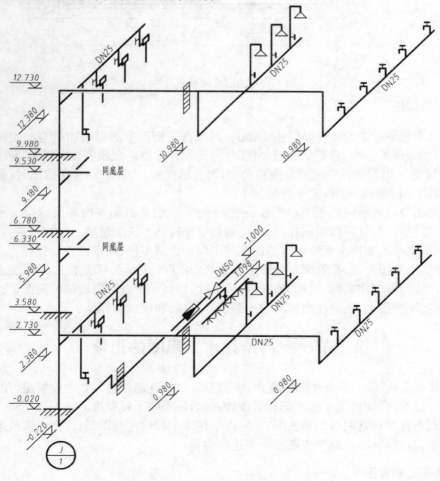

图 13-10 给水系统轴测图

（2）阅读排水系统轴测图时，应依次按卫生器具→连接管→横管→立管→排出管→检查井的顺序识读，由图 13-11 排水系统轴测图表明，各层内的大便器污水及厕所、拖布池内的污水，经连接管流入横管（DN100，坡度 2％）到 ㉝ 立管（DN100）向下至标高 −1.000 处，由排出管穿墙流入检查井。各层的小便槽（四层楼除外）及地漏的污水，经连接管流到 ㉝ 立管（DN100）向下至 −1.000 处，由排出管穿墙流入检查井。盥洗间的淋浴污水、盥洗台的污水、经连接管流到 ㊼ 立管（DN100）向下至 −1.000 处，由排出管流入检查井。

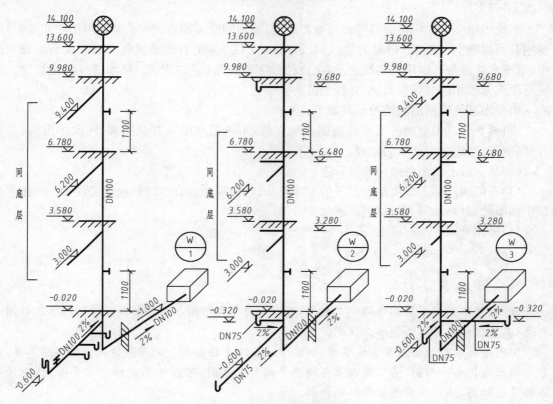

图 13-11　排水系统轴测图

第四节　室内给排水工程图的绘制步骤

一、管网的平面布置图

1. 抄绘房屋平面图

室内给排水管网平面图中的房屋平面图，是抄绘建筑平面图中的用水房间部分而画成的平面图。其比例可与建筑平面图相同（1：100），也可以根据需要选择较大的比例，如本例选择1：50。平面布置图的定位轴线应与建筑平面图的相同。墙身及门窗等一律画成细实线，门只画出门洞位置。室内外地面、楼面等均须注出标高。

2. 画出卫生设备

在建筑平面图中，卫生设备一般均已布置好，只须用中实线（0.5b）直接抄绘即可，不必标准尺寸。如有特殊需要可注上安装时的定位尺寸。

3. 绘制给排水管道

在平面布置图中,给水管道不论管径大小,一律用粗实线(b)表示,排水管道用粗虚线表示(并非表示可见与不可见,而是作为图例)。

管道系统中的立管,在平面布置图上用小圆圈表示。为便于识图,管道须按系统予以标记、编号。给水管道其标记和编号见图13-5。

二、系统轴测图

系统轴测图一般用正面斜等轴测投影绘制,当空间交叉的管道在系统轴测图中相交时,应鉴别其可见性,在交点处可见的管线画成连续的,不可见的管线画成断开的。在系统轴测图中,给排水管道都可以用粗实线表示,在直径数字前加注代号"DN"。排水管应标注坡度。坡度可注在管段相应的管径后面,并画上箭头。

给排水系统轴测图的绘图步骤如下:

(1)画立管。先定出各层楼的地面及屋面线,再画给水引入管及闸阀、污水排出管、检查井、网罩等,然后画出外墙的位置。

(2)从立管上引出各横向连接管道。

(3)在横向管道上画出给水系统的放水龙头、淋浴喷头、高位水箱、连接支管等。在排水系统中画出清扫口、地漏、存水弯管、承接支管等。

(4)标注管径、标高、坡度等。

本章小结

给水、排水工程图简称给排水工程图,可以分为室内给排水工程图和室外给排水工程图两大类,本节仅介绍室内给排水工程图。

室内给排水平面图主要表达给水、排水管道及卫生设备的平面布置情况。对多层房屋,应分层画出给排水平面图,若二层以上各楼层平面布置相同,可合并画成标准层平面图,并注明各楼层的标高,底层平面图必须单独画出。

为了突出用水设备的位置和用水设备与管道间的关系,在平面图中,建筑物的轮廓线,按国标规定画成细实线,卫生器具用图例表示,用粗实线表示给水管道的布置,用粗虚线表示排水管道的布置。

室内给排水管道的敷设往往是纵横交错,因此在平面图上难以表明其空间走向。在给排水工程图中,除施工说明、管道平面图和详图外,还配有管道系统轴测图,系统轴测图分给水系统轴测图和排水系统轴测图,它们是根据室内各层给排水平面图中的卫生设施、管道走向、管径和竖向标高,用正面斜等测投影方法绘制的。

管网平面布置图和管网系统轴测图,是室内给排水工程的配套图纸,读图时要按系统把两种图联系起来,对照阅读,从而搞清图样所表达的内容。

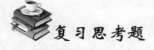

复习思考题

1. 简述室内给水系统的组成。

2. 给水引入管或排水排出管是如何进行编号的?

3. 室内给排水平面图中建筑物的轮廓线、卫生器具、给水管道、排水管道分别用什么线型表示?

4. 系统轴测图包括哪些内容? 它是根据什么画出来的?

5. 简述室内给排水工程图的绘制步骤。

第十四章 建筑采暖通风工程图

本章描述

本章介绍了采暖通风工程图的基础知识,通过图例讲授采暖通风工程图的基本内容、图示方法和特点,以及识读和绘制采暖通风工程图的方法和要求。通过本章的系统学习可具备一定的建筑采暖通风工程图识图能力。

拟实现的教学目标

1. 能力目标

能够识读建筑采暖工程图。

能够识读建筑通风工程图。

2. 知识目标

了解建筑采暖通风系统的组成和图示方法,了解采暖通风工程图中常见图例和符号的含义和画法。

熟悉建筑采暖通风工程图的识读和绘图的一般方法和要求。

3. 素质目标

培养学生认真负责的工作态度和严谨细致的工作作风。

培养学生的自主学习意识和自学能力。

第一节 概 述

一、建筑采暖与通风工程简述

建筑采暖一般是指由热源通过供热管道向各个建筑物供给热量的过程。

建筑通风就是把建筑物内污浊的空气直接净化后排至室外,再把新鲜空气补充进来,从而保持室内的空气环境符合卫生标准需要的过程。

1. 采暖工程的组成

(1)热源:供热热媒的来源,目前广泛采用的是锅炉房、热电厂和空调器。

(2)供热管网:输送热媒(热能是以蒸汽、热水或热风的形式作为介质输送)的供热管道。

(3)散热器:安装在采暖房间的散热设备。

采暖系统按热媒的不同可分为热水采暖、蒸汽采暖和热风采暖等,本章主要介绍热水采暖工程。

2. 通风工程的组成

建筑通风工程一般由送风系统与排风系统组成。

（1）进气处理设备：对采集的空气进行二次处理的设备，如空气过滤设备、热湿处理设备。

（2）通风机：通风系统的动力设备，如送风机、排风机。

（3）风道系统：输送空气的管道系统，如风管、送风口、排风口。

（4）排气处理设备：对排出空气进行净化的设备，如除尘器、有害气体净化设备。

二、建筑采暖与通风工程图的主要内容

1. 设计及施工说明

主要用来说明图纸中表达不出来的设计意图和施工中需要注意的问题及设计施工中所应遵循的规范。通常在工程设计及施工说明中写有总耗热量、总耗冷量、冷热媒的来源及参数，各不同房间内湿度、相对湿度及空气洁净度，采暖及空调制冷管道材料种类、规格，冷热管道的保温材料、厚度，管理及设备的刷油次数、要求等。

2. 施工图纸

采暖与通风管道施工图包括管道平面布置图、剖面图、系统轴测图和详图。管道平面布置图主要表示管道及设备的平面位置及其与建筑物之间的相对位置关系。锅炉房、空调机房、冷冻机房等还需绘制管道剖面图，它主要表示设备的竖向位置及标高。采暖与空调管道均需绘制系统轴测图与详图，因为系统轴测图能比较直观地反映管道的空间走向及其与设备之间的关系。详图则主要是管道节点详图及标准通用图。

此外，图纸中还有设备表、材料表等。

三、建筑采暖通风工程图的特点

为了使供暖与通风工程图做到图面清晰、简明、统一，满足设计、施工、存档等要求，以适应工程建设需要，国家制定了《暖通空调制图标准》（GB/T 50114—2001）。暖通空调专业制图，除应符合本标准外，还应符合《房屋建筑制图统一标准》（GB/T 50001—2001）以及国家现行的有关强制性标准的规定。

1. 图线

（1）图线的基本宽度 b 和线宽组，应根据图样的比例、类别及使用方式确定。

（2）基本宽度 b 宜选用 0.18、0.35、0.5、0.7、1.0 mm。

（3）在一张图纸内，各不同线宽组的细线，可统一采用最小线宽组的细线。

（4）暖通空调专业制图采用的线型及其含义，宜符合表 14-1 的规定。

（5）图样中也可使用自定义图线及含义，但应明确说明，且其含义不应与《暖通空调制图标准》相反。

表 14-1　暖通工程图常用线型及其含义

名　称		线　型	线宽	用　途
实线	粗	——————	b	单线表示的管道
	中粗	——————	$0.5b$	本专业设备轮廓、双线表示的管道轮廓
	细	——————	$0.25b$	建筑物轮廓；尺寸、标高、角度等标注线及引出线；非本专业设备轮廓

名　　称		线　型	线宽	用　　途
虚线	粗	━ ━ ━ ━ ━ ━ ━	b	回水管
	中粗	─ ─ ─ ─ ─ ─ ─	$0.5b$	本专业设备及管道被遮挡的轮廓
	细	- - - - - - -	$0.25b$	地下管沟、改造前风管的轮廓线;示意性连线
波浪线	中粗	〜〜〜〜〜	$0.5b$	单线表示的软管
	细	〜〜〜〜〜	$0.25b$	断开界线
单点长划线		─ · ─ · ─ · ─	$0.25b$	轴线、中心线
双点长划线		─ ·· ─ ·· ─	$0.25b$	假想或工艺设备轮廓线
折断线		─────/\─────	$0.25b$	断开界线

2. 比例

总平面图、平面图的比例,宜与工程项目设计的主导专业一致,其余可按表 14-2 选用。

表 14-2　暖通工程图常用比例

图　名	常用比例	可用比例
剖面图	$1:50$、$1:100$,$1:150$,$1:200$	$1:300$
局部放大图、管沟断面图	$1:20$、$1:50$,$1:100$	$1:30$、$1:40$,$1:50$、$1:200$
索引图、详图	$1:1$、$1:2$,$1:5$,$1:10$、$1:20$	$1:3$、$1:4$、$1:15$

3. 标高

(1)在不宜标注垂直尺寸的图样中,应标注标高。标高以米为单位,精确到厘米或毫米。

(2)当标准层较多时,可只标注与本层楼(地)板面的相对标高。

(3)水、汽管道所注标高未予说明时,表示管中心标高;水、汽管道标注管外底或顶标高时,应在数字前加"底"或"顶"字样。

(4)矩形风管所注标高未予说明时,表示管底标高;圆形风管所注标高未予说明时,表示管中心标高。

4. 管径

(1)管径以 mm 为单位。

(2)低压流体输送使用焊接管道,其规格应标注公称通径或压力,公称通径的标记由字母"DN"后跟一个以毫米表示的数值组成(如 DN15、DN32),公称压力的代号为"PN";输送流体采用无缝钢管、螺旋缝或直缝焊接钢管、铜管、不锈钢管,当需要注明外径和壁厚时,用"D(或 ϕ)外径×壁厚"表示,(如 D108×4、ϕ108×4)。在不致引起误解时,也可采用公称通径表示。

(3)水平管道的规格宜标注在管道的上方;竖向管道的规格宜标在管道的左侧。

(4)平面图中无坡度要求的管道标高可以标注在管道截面尺寸后的括号内,如 DN32 (2.50)、200×200(3.10)。必要时,应在标高数字前加"底"或"顶"的字样。

(5)多条管线的规格标注方式如图 14-1 所示。

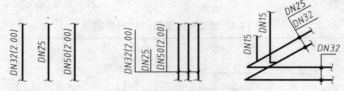

图 14-1 多条管线规格的标注

5. 系统编号

(1)一个工程设计中同时有供暖、通风、空调等两个及以上的不同系统时,应进行系统编号。

(2)暖通空调系统编号、入口编号,应由系统代号和顺序号组成。系统代号由大写拉丁字母表示,顺序号由阿拉伯数字表示,如图 14-2(a)所示。当一个系统出现分支时,可采用图 14-2(b)的画法。

(3)竖向布置的垂直管道系统应标注立管号,如图 14-3 所示。在不致引起误解时,可只标注序号,但应与建筑轴线编号有明显区别。

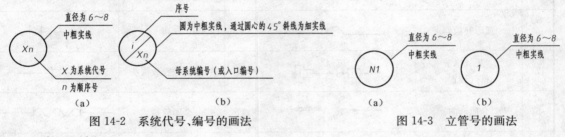

图 14-2 系统代号、编号的画法   图 14-3 立管号的画法

6. 常用图例

(1)建筑采暖通风专业制图的管道代号宜按表 14-3 和表 14-4 选用。

表 14-3 水、气管道代号

序号	代号	管道名称	序号	代号	管道名称
1	R	(供暖、生活、工艺用)热水管	10	LR	空调冷/热水管
2	Z	蒸汽管	11	LQ	空调冷却管
3	N	凝结水管	12	n	空调冷凝水管
4	P	膨胀水管、排污管、排气管、旁通管	13	RH	软化水管
5	G	补给水管	14	CY	除氧水管
6	X	泄水管	15	YS	盐液管
7	XH	循环管、信号管	16	FQ	氟气管
8	Y	溢排管	17	FY	氟液管
9	L	空调冷水管			

表 14-4 风道代号

序号	代号	管道名称	序号	代号	管道名称
1	K	空调风管	4	H	回风管(一、二次通风可附加 1、2 区别)
2	S	送风管	5	P	排风管
3	X	新风管	6	PY	排烟管或排风、排烟共用管道

(2)建筑采暖通风专业制图常用图例如表 14-5、表 14-6（摘选自 GB/T 50114—2001 表 3.1.3 和表 3.2.3)所示。

表 14-5　水、气管道阀门和附件图例

序号	名　称	图　例	序号	名　称	图　例
1	截止阀（通用）		10	变径管异径管	
2	手动调节阀		11	补偿器	
3	角阀	或	12	矩形补偿器	
4	安全阀		13	活接头	
5	疏水阀		14	法兰	
6	弧形补偿器		15	丝堵	
7	集气罐排气装置		16	可屈挠橡胶软接头	
8	介质流向	或	17	金属软接	
9	坡度及方向	$i=0.003$ 或 $i=0.003$	18	保护套管	

表 14-6　暖通空调设备图例

序号	名　称	图　例	序号	名　称	图　例
1	散热器及手动放气阀		5	空气过滤器	
2	散热器及控制阀		6	电加热器	
3	离心风机		7	加湿器	
4	空气加热,冷却器		8	分体空调器	

第二节　建筑采暖通风工程图

一、建筑采暖工程图

建筑采暖工程图包括采暖工程平面图、系统图、详图及施工说明等。

1. 采暖工程平面图

采暖工程平面图主要表示建筑物各层供暖管道和采暖设备在平面上的分布以及管道的走向、排列和各部分的尺寸。视水平主管敷设位置的不同，采暖施工图应分层表示。

平面图主要反映以下内容：

(1)各层房间的名称、编号，散热器的类型、安装位置、规格、片数(尺寸)及安装方式等；

(2)供热引入口的位置、管径、标高、坡度及采用的标准号、系统编号及立管编号；

(3)供回水总管、干管、立管和支管的位置、管径、管道坡度及走向等；

(4)补偿器的型号、位置及固定支架的位置；

(5)室内地沟(包括过门管沟)的位置、走向、尺寸；

(6)热水供暖系统中还应标明膨胀水箱、集气罐等设备的位置及其连接，并注明其型号规格；

(7)蒸汽供暖系统还应表明管线末端疏水装置的位置及型号、规格。

2. 系统图

系统图又称系统轴测图，是用正等测或正面斜二测投影法画出的整个供暖系统的立体图；是表示供暖系统的空间布置情况，散热器与管道的空间连接形式，设备、管道附件等空间关系的立体图。图中应标注有：立管编号，管道高程，各管段管径，水平干管的坡度，散热器的片数及集气罐、膨胀水箱、阀件的位置和型号规格等。系统图比例与平面图相同。通过系统图可了解供暖系统的全貌。

二、建筑通风工程图

建筑通风工程图包括通风工程平面图、剖面图、系统图、详图及施工说明等。

1. 平面图

通风工程平面图表示通风管道和设备的平面布置。通风平面图的内容包括：

(1)根据通风管道的尺寸大小，在房间平面图上按比例绘出通风管道的平面位置，用图例符号绘出送风口、回风口和各种阀门的位置；

(2)各段通风管道的详细尺寸，如管道长度和断面尺寸，送风口和回风口的定位尺寸及风管的位置、尺寸等；

(3)通风管道的通风量、风速等；

(4)平面图的定位轴线尺寸及轴线编号。

2. 剖面图

通风工程剖面图表示管道及换气设备在高度方向的布置情况，以补充平面图中一些无法了解到的内容，如管道标高、管道断面尺寸、风口位置等等。

3. 系统图

通风系统轴测图的内容包括：

(1)主要设备、部件(与通风系统平面图一致)；

(2)风管管径(或截面尺寸)、高程、坡度等；

(3)出风口、调节阀、检测口、测量口、测量孔、风帽及各突出零部件的位置尺寸；

(4)各部件的名称及型号规格；

(5)风帽的型号与高程。

第三节　建筑采暖通风工程图的识读

一、建筑采暖工程图的识读

识读建筑采暖工程图的基本方法是平面图与系统轴测图互相对照。识读顺序:给水从供热管入口开始,沿水流方向按供水干、立、支管的顺序到散热器;回水由散热器开始,按支、立、干管的顺序到出口为止。现以某一办公楼采暖工程图为例介绍识读方法。

1. 采暖平面图

图 14-4 为某办公楼一层、二层采暖平面图。从图中可了解以下内容:

(1)建筑物的采暖系统类型:该办公楼供水与回水立管分开,办公楼供水干管在二层,回水干管在一层,故该办公楼采用的是双管上供下回式采暖系统。

(2)热媒入口及出口位置:从图 14-4(a)中可知,热媒入口位于⑩～⑪轴线之间,与室外热网中心相连,穿Ⓐ墙而入,并在此设总立管直通二层,热水由总立管进入供水干管,再经各分立管、散热器支管进入一二层散热器;进入散热器的热水散热后由二层和一层散热器的回水支管流至回水立管,最后再经回水干管流至室外的回水总管。

图中符号"○"表示供暖立管,符号"·"表示回水立管。

(3)建筑物内散热器所处的平面位置、种类(明装或暗装):由图可知,本例散热器有 S-600、S-900、S-1000 三种。其中 S 表示散热器的型号,900 表示每排散热器长度为 900 mm,均为明装。

(4)每层平面中管道的布置情况:由图可知,管道均沿墙布置。图中管线位置为示意,具体尺寸由施工规范确定。明设的管道系统,管道外皮与墙面的距离一般不小于 50 mm。两组散热器中间设一立管连接干管和支管。

在一层平面图中,平行①号轴线的回水干管,在门口处需降低高度,图中的虚线矩形为管沟的轮廓线(对照轴测图识读)。

2. 采暖系统轴测图

图 14-5 是该建筑物采暖系统轴测图,主要表达了从热媒入口至出口的采暖管道、散热设备、主要附件的空间位置和相互关系、尺寸等。从图中可了解以下内容:

(1)热媒入口:本例入口位置标高为－1.400,管径为 DN50 mm,穿南墙(A 墙)后设主立管直通二层,在标高 6.280 处,设水平干管,沿东墙、北墙、西墙、南墙敷设一周,同时通过垂直立管连接二层散热器。

(2)各干管、支管的布置方式,管道上的附件(阀门、固定支架等)以及管径、坡度情况,如本例每两个散热器(个别的是一个)设一立管通往一层。水平干管管径有 DN25、DN32、DN40等。坡度 $i=0.003$。

识图时应注意与平面图对照,这样可以准确、快捷的完成识图。

二、建筑通风工程图的识读

识读建筑通风工程图的基本方法是平面图、剖面图和系统轴测图相互对照,沿空气流向看。送风工程沿风口、空气处理装置、风机、干管、横支管、送风口方向看;排风工程沿排风口、横支管、干管、风机、空气处理装置、排风帽方向看。现以某车间的通风工程图为例介绍识读方法。

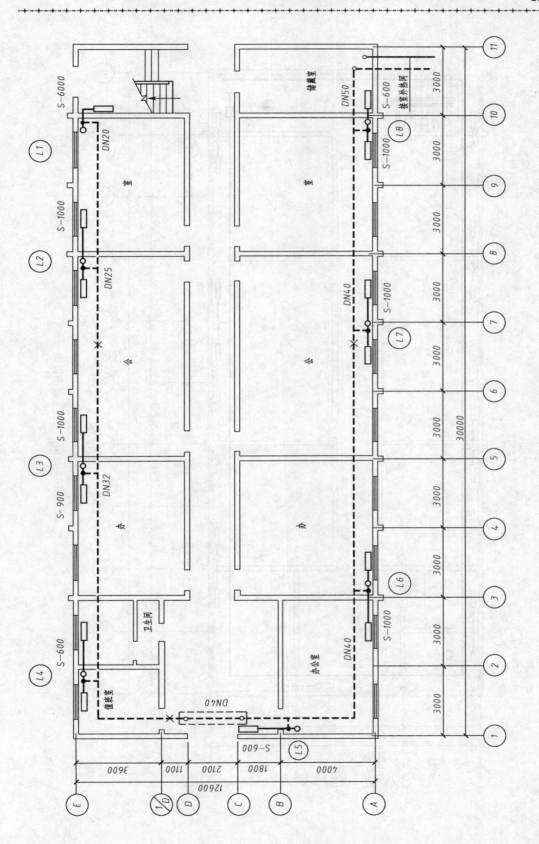

图 14-4(a)　一层采暖平面图

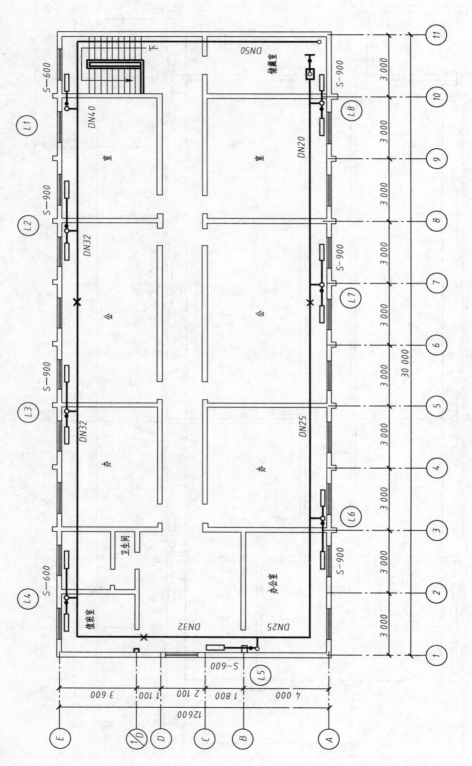

图 14-4(b) 二层采暖平面图

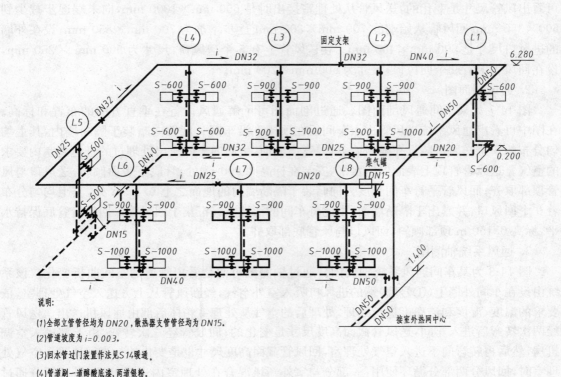

说明：

(1)全部立管管径均为 DN20，散热器支管管径均为 DN15。

(2)管道坡度为 i=0.003。

(3)回水管过门装置作法见 S14 暖通。

(4)管道刷一道醇酸底漆，两道银粉。

图 14-5　采暖系统轴测图

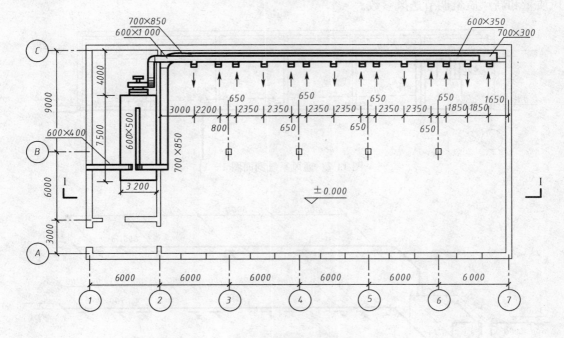

图 14-6　通风平面图

1. 通风平面图

图 14-6 为某车间通风平面图。通过平面图可了解风管、风口、机械设备的尺寸。在图中

可看出风管尺寸是变化的,送风管从处理室接出时是 600 mm×1000 mm,向末端逐步减少到 600×350 mm;回风管从始端的 700 mm×300 mm 逐步增加为 700 mm×850 mm;设在外墙的进风口尺寸是 600 mm×400 mm。在送风管上有 5 个送风口,尺寸为 500 mm ×250 mm,设在回风管上有 9 个回风口,尺寸为 500 mm×200 mm。

2. 通风剖面图

图 14-7 为某车间通风剖面图。通过剖面图可了解通风设备在垂直方向的布置和标高。在图中可看出通风系统送风管进入车间后在顶棚下沿车间长度方向暗装于隔断墙内,其上均匀分布的 5 个送风口装设在隔断墙上,并露出墙面,由此向车间送出处理过的且达到室内要求的空气。送风管管顶上表面保持水平,安装在标高 3.900 m 处,管底下表面倾斜,送风口与风管顶部取齐;回风管平行车间长度方向暗装于隔断墙内的地面之上 0.15 m 处,其上均匀分布着 9 个回风口,并露出于隔断墙面,由此将车间的污浊空气汇集于回风管。回风管管底保持水平,标高 0.150 m 顶部倾斜,回风口与风管底部取齐。

3. 通风系统轴测图

图 14-8 为某车间通风系统轴测图。通过轴测图可清楚看出管道的空间曲折变化。该系统由设在车间外墙上(①号墙)端的进风口吸入室外空气,经新风管从上方送入空气处理室,依要求的温度、湿度和洁净度进行处理,处理后的空气从处理室箱体后部由通风机送出。送风管经两次转弯后进入车间,送风管截面高度尺寸是变化的;回风管经三次转弯,由上部进入空调机房,然后再转弯向下进入空气处理室,回风管截面高度尺寸也是变化的。当回风进入空气处理室时,回风分两部分循环使用:一部分与室外新风混合在处理室内进行处理;另一部分通过跨越连通管与处理室后部喷水后的空气混合,然后再送入室内。跨越连通管的设置便于依回风质量和新风质量调节送风参数。

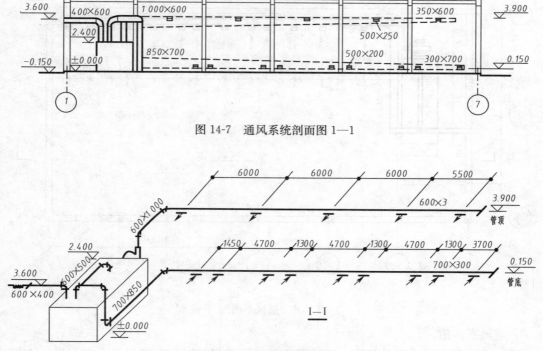

图 14-7　通风系统剖面图 1—1

图 14-8　通风系统轴测图

第四节 建筑采暖通风工程图的绘制步骤

一、建筑采暖工程图的绘制

(一)建筑采暖平面图

1. 建筑采暖平面图的绘制要求

(1)图线按表 14-1 规定绘制。

(2)图例按表 14-5 规定绘制。

(3)比例一般和建筑平面图一致。

2. 采暖平面图的绘制过程

(1)首先绘制建筑平面图。图中只需绘制建筑物平面中的主要内容,如定位轴线、编号、墙、柱、开间、进深尺寸、房间、走廊、门窗位置等。

(2)绘出散热器的位置。散热器用图例符号绘出,图形大小与散热器片数无关。

(3)绘出总立管、各个立管及阀门。供暖立管用"○"表示,回水立管用"·"表示。

(4)绘出支管、散热器及控制阀。

(5)绘出干管(供暖或回水干管)、干管和立管的连接装置、补偿器及固定支架等。

(6)标注尺寸。

(二)系统轴测图

1. 采暖系统轴测图的绘制要求

(1)比例、设备位置与供暖平面图一致。

(2)图线按表 14-1 规定绘制。

(3)图例按表 14-5 规定绘制。

2. 采暖轴测图的绘制过程

(1)以供暖平面图为依据,从室外引入管处开始画起,先画总立管,并在立管上标出各层的引入口。

(2)绘出各楼层的散热器、连接散热器和立管的支管,及引入口处阀门。

(3)标注尺寸。图中需标出各层楼地面高程,干管的主要高程及干管各段的管径尺寸、坡度等。

(4)标注散热器的片数及文字说明。

二、建筑通风工程图的绘制

(一)建筑通风平面图

1. 建筑通风平面图的绘制要求

(1)空调系统的平面图应绘出建筑物轮廓、主要轴线号及轴线尺寸、房间名称、有关的工艺设备位置及编号、图样标号、制图比例等。建筑轮廓线、工艺设备线等一律为细线。

(2)风道系统平面图用双线绘出管道、异径管、弯头、检查测定孔口、调节阀门、防火阀、送排风设备、消声设备位置和气流方向等。

(3)标注出风管及风口尺寸、各种设备的定位尺寸、空调处理室的轮廓尺寸、气流方向及弯头曲率半径 R 值;标注设备部件的名称、规格、型号、数目等。风管管径或断面尺寸宜标注在风管上方或风管法兰盘处延长的细实线上方。

(4)标注各管道及设备的定位尺寸,此定位尺寸通常以建筑轴线来定位,以利施工安装。

(5)当平面图无管道重叠时,管道及设备安装高程可直接在平面图中注明(可以本层地面为基准),这样对施工较为方便;当管道交叉较多或有重叠而无法在平面图上清晰表达时,应绘出剖面图来表达,亦可绘局部剖面图表达。

(6)如因建筑物平面较大,建筑平面图采取分段绘制时,通风空调平面图也可分段绘制,分段部位应与建筑平面图一致,并应绘制分段示意图。

(7)标注设备编号。对于风管及水管断面,应标注其断面尺寸及管道性质,同时对风管还应标出其所在通风系统的编号。

2. 通风平面图的绘制方法

(1)首先绘制房屋平面图。

(2)绘制送风管轮廓。从入口开始采用分段绘制的方式,逐段绘制每一段风管、弯管、分支管。风管用法兰连接。

(3)绘制送风口。按照图例绘制送风口。

(4)标注尺寸。标注各段的长度和截面尺寸。

(二)通风系统轴测图

1. 通风系统轴测图的绘制要求

(1)建筑轮廓线、工艺设备线均为细实线。

(2)采用45°或30°正面斜二测轴测投影绘制立体图。

(3)清晰表明风道在空间的曲折和交叉,管件的相对位置和走向。常用单线绘制。

(4)绘图时所用的比例与通风系统平面图相同。

2. 通风系统轴测图的绘制方法

(1)以通风系统平面图为依据,先确定空调机组的位置,引出总立管,并在立管上标出各层的引入口。

(2)以45°轴测投影绘出各楼层的支管布置及走向,绘制散流器、连接法兰及引入口处阀门。

(3)标注尺寸。图中需标出各层风道的主要高程及风道各段的管径尺寸等。标注文字说明。

 **本章小结**

本章介绍了建筑采暖通风工程图的内容与识图方法。建筑采暖通风系统作为房屋的重要组成部分,工程图具有以下特点:

1. 各系统一般采用统一的图例符号,识图前应了解各种符号所表示的实物。

2. 建筑采暖通风工程图中用来输送流体的管道具有自己的流向,按流向读图,易掌握工程图。

3. 建筑采暖通风工程中系统管道都是立体交叉安装,平面图不能充分反映管道和设备的空间关系,应将轴测图与平面图结合识读。

建筑采暖通风工程图的识读包括各学科专业知识、理论知识、工程制图知识和施工经验,是一种综合能力的体现。

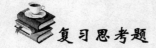

复习思考题

1. 建筑采暖通风工程图包含哪些内容?
2. 如何识读建筑采暖通风工程图

参 考 文 献

[1] 刘秀芩. 工程制图. 北京：中国铁道出版社，1995.

[2] 何铭新，郎宝敏，陈星铭. 建筑工程制图. 3 版. 北京：高等教育出版社，2004.

[3] 张岩. 建筑工程制图. 2 版. 北京：建筑工业出版社，2007.

[4] 建设部. 房屋建筑制图统一标准(GB/T 50001－2001). 北京：计划出版社，2002.

[5] 建设部. 总图制图标准(GB/T 50103－2001). 北京：计划出版社，2002.

[6] 建设部. 建筑制图标准(GB/T 50104－2001). 北京：计划出版社，2002.

[7] 建设部. 建筑结构制图标准(GB/T 50105－2001). 北京：计划出版社，2002.

[8] 建设部. 给水排水制图标准(GB/T 50106－2001). 北京：计划出版社，2002.

[9] 建设部. 暖通空调制图标准(GB/T 50114－2001). 北京：计划出版社，2002.